U0003152

2 進入「頁首」對話框後，你可以按下對話框中間的按鈕列，在下方的三個窗格中（頁首的左方、中間、右方）輸入想要的資料，完成後在〔確定〕上按一下滑鼠左鍵。

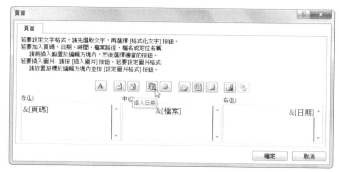

3 回到「版面設定」對話框後，最上面的方框則會自動秀出頁首列印結果，如果想更改，可繼續按下「頁首」方框旁的 ✔，選擇適當的頁首項目（例如：【第1頁,出貨單】）。最後按下〔列印〕，就會開始列印；若按下〔確定〕，則會回到原先的工作表視窗中。

操作小撇步

當然你也可以在頁首使用預設的頁首選項；或是按下〔自訂頁尾〕，自行輸入需要的頁尾文字。

Trick 12　置中列印讓報表更美麗

一般列印時，如果不做特別的設定，資料大多會從左邊或上方開始列印，因此如果資料沒有填滿整張紙，就會有某一邊留白過多的問題，其實可以考慮將其置中列印，就會美觀許多。

1 切換至〔版面配置〕活頁標籤，然後按下「版面設定」分類旁的 ⬚ 。

2 將「版面設定」對話框切換至〔邊界〕活頁標籤，然後依想要的置中列印方式勾選下方的「水平置中」或「垂直置中」，最後按下〔確定〕即完成。

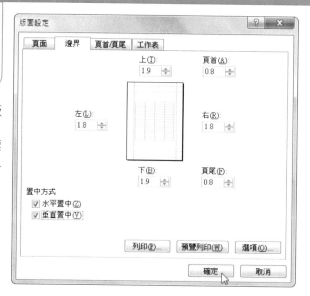

Excel
精算速學 500 招
速效上手！職人必勝！
【新裝修訂版】

TRICKS 2AE043X

Excel 精算速學500招〔新裝修訂版〕

作　　者／PCuSER研究室
執行編輯／單春蘭
特約編輯／許典春
特約美編／葳豐設計
封面設計／韓衣非
行銷企畫／辛政遠
總 編 輯／黃錫鉉
社　　長／吳濱伶
發 行 人／何飛鵬
出　　版／電腦人文化
發　　行／城邦文化事業股份有限公司
　　　　　歡迎光臨城邦讀書花園
　　　　　網址：www.cite.com.tw
香港發行所／城邦 (香港) 出版集團有限公司
　　　　　香港灣仔駱克道193號東超商業中心1樓
　　　　　電　話：(852) 25086231
　　　　　傳　真：(852) 25789337
　　　　　E-mail：hkcite@biznetvigator.com
馬新發行所／城邦 (馬新) 出版集團
　　　　　Cite (M) Sdn Bhd
　　　　　41, Jalan Radin Anum, Bandar Baru Sri Petaling,
　　　　　57000 Kuala Lumpur, Malaysia.
　　　　　電　話：(603) 90578822
　　　　　傳　真：(603) 90576622
　　　　　E-mail：cite@cite.com.my

國家圖書館出版品預行編目資料

Excel 精算速學500招〔新裝修訂版〕/ PCuSER研究室 著.
-- 初版. -- 臺北市：電腦人文化出版：城邦文化發行, 民102.09;　公分

ISBN 978-986-199-411-6(平裝)
1.EXCEL(電腦程式)

312.49E9　　　　　　　　　　102016862

印刷／凱林印刷有限公司
2023年(民112) 9 月 改版 2 刷　　Printed in Taiwan
定價／199元

● 如何與我們聯絡：

1. 若您需要劃撥 購書，請利用以下郵撥帳號：
郵撥帳號：19863813　戶名：書虫股份有限公司

2. 若書籍外觀有破損、缺頁、裝釘錯誤等不完整現象，想要換書、退書，或您有大量購書的需求服務，都請與客服中心聯繫。

客戶服務中心
地址：10483 台北市中山區民生東路二段141號B1
服務電話：(02) 2500-7718、(02) 2500-7719
服務時間：週一 ～ 週五上午9：30～12：00，
下午13：30～17：00
24小時傳真專線：(02) 2500-1990～3
E-mail：service@readingclub.com.tw

3. 若對本書的教學內容有不明白之處，或有任何改進建議，可將您的問題描述清楚，以E-mail寄至以下信箱：pcuser@pcuser.com.tw

4. PCuSER電腦人新書資訊網站：
http://www.pcuser.com.tw

5. 電腦問題歡迎至「電腦QA網」與大家共同討論：http://qa.pcuser.com.tw

6. PCuSER專屬部落格，每天更新精彩教學資訊：
http://pcuser.pixnet.net

7. 歡迎加入我們的Facebook粉絲團：
http://www.facebook.com/pcuserfans
（密技爆料團）
http://www.facebook.com/i.like.mei
（正妹愛攝影）

※詢問書籍問題前，請註明您所購買的書名及書號，以及在哪一頁有問題，以便我們能加快處理速度為您服務。

※我們的回答範圍，恕僅限書籍本身問題及內容撰寫不清楚的地方，關於軟體、硬體本身的問題及衍生的操作狀況，請向原廠商洽詢處理。

Chapter 01 **基本操作** 010

Trick 01 開啟最近編輯過的檔案 010

Trick 02 設定預設的檔案儲存格式 010

Trick 03 開啟「複本」做修改 011

Trick 04 用「唯讀」方式開啟檔案 012

Trick 05 一次開啟多個檔案 012

Trick 06 設定多人共用的活頁簿 013

Trick 07 追蹤活頁簿曾有的修訂狀況 013

Trick 08 接受或拒絕其他人的修改 014

Trick 09 設定「自動存檔」的時間 015

Trick 10 關閉「自動存檔」的功能 015

Trick 11 儲存成非 Excel 的檔案 016

Trick 12 更改預設的存檔位置 016

Trick 13 存檔時自動備份 017

Trick 14 找出隱藏的工具列 017

Trick 15 從 Web 匯入能動態更新的網頁內容 018

Chapter 02 **工作表使用基礎功** 020

Trick 01 重新命名工作表 020

Trick 02 插入一個新的工作表 020

Trick 03 刪除工作表 021

Trick 04 移動工作表 021

Trick 05 複製另一份工作表 022

Trick 06 設定工作群組 022

Trick 07 檢視工作表活頁標籤 023

Trick 08 快速選定工作表 023

Trick 09 在不同工作表間移動或複製資料 024

Trick 10 開啟新的活頁簿檔案 024

Trick 11 使用多重視窗 025

Trick 12 並排顯示讓資料一目瞭然 025

Trick 13 儲存多重活頁簿 026

Chapter 03　**儲存格及資料的選取** 027

　Trick 01　選取儲存格 027

　Trick 02　選取多個不相鄰的儲存格 027

　Trick 03　選取整欄或整列 028

　Trick 04　選取相鄰的多列或多欄儲存格 028

　Trick 05　選取不連續的多欄或多列 029

　Trick 06　直接跳到指定的儲存格 029

　Trick 07　快速選取跨螢幕的範圍 029

　Trick 08　選取整張工作表 030

Chapter 04　**儲存格資料** 031

　Trick 01　在儲存格中設定自動換列 031

　Trick 02　合併儲存格 031

　Trick 03　讓儲存格文字傾斜 032

　Trick 04　定義儲存格的名稱 032

　Trick 05　幫儲存格加上註解 033

　Trick 06　更改儲存格的註解 034

　Trick 07　刪除儲存格的註解 034

　Trick 08　利用工具列快速複製儲存格 035

　Trick 09　利用工具列圖示做剪貼 035

　Trick 10　利用滑鼠「拖放」複製儲存格 036

　Trick 11　利用滑鼠「拖放」來剪貼相近的儲存格 036

Chapter 05　**儲存格格式設定** 037

　Trick 01　自訂格式樣式 037

　Trick 02　在儲存格中套用數值等格式 038

　Trick 03　在儲存格上套用特殊的格式 039

　Trick 04　在儲存格上套用自訂格式 039

　Trick 05　設定儲存格的格式化條件 040

　Trick 06　刪除儲存格的條件格式化設定 042

　Trick 07　變換各種文字字型 042

Trick 08　更改各式文字大小 043

Trick 09　設定不同的文字對齊方式 043

Trick 10　改變各種文字的樣式 043

Trick 11　調整文字的排列方式 044

Trick 12　讓表格資料跨欄置中 044

Trick 13　將欄或列隱藏起來 045

Trick 14　更改單一欄位寬度 045

Trick 15　同時更改多欄寬度 046

Chapter 06　美化儲存格 047

Trick 01　替儲存格換上新妝 047

Trick 02　為儲存格加上框線 047

Trick 03　更換儲存格的背景圖樣 048

Trick 04　套用「自動格式」 049

Trick 05　幫儲存格加上藝術文字 049

Trick 06　調整藝術文字的位置 050

Trick 07　更改藝術文字的內容 050

Trick 08　改套其他圖庫的樣式 051

Trick 09　旋轉藝術文字 051

Trick 10　調整藝術文字的間距 052

Trick 11　更換成直排文字 052

Chapter 07　凍結與分割視窗 053

Trick 01　利用移除重複清理重複資料 053

Trick 02　凍結窗格 054

Trick 03　凍結工作表第一列 055

Trick 04　凍結第一欄 055

Trick 05　垂直分割視窗 055

Trick 06　水平分割視窗 056

Trick 07　快速水平分割視窗 056

Trick 08　十字分割視窗 057

Chapter 08　資料輸入與搬移 **058**

Trick 01　快速互換相同欄列的資料 058

Trick 02　把列與欄的資料互相交換 059

Trick 03　利用「尋找」功能快速搜尋資料 059

Trick 04　完全取代相同的資料 060

Trick 05　選擇性地取代相同的資料 060

Trick 06　在單一儲存格中強迫分行 061

Trick 07　輸入分數資料 061

Trick 08　設定輸入資料為文字型式 062

Trick 09　自動重複填滿多欄資料 062

Trick 10　自動填滿單儲存格連續性資料 063

Trick 11　利用滑鼠左鍵搭配 `Shift` 、 `Ctrl` 、 `Alt` 的複製效果 063

Trick 12　運用智慧標籤來自動填滿 064

Trick 13　自動填滿規律性資料 064

Trick 14　利用「填滿」功能輸入規律性資料 065

Trick 15　使用「自動加總」 066

Trick 16　使用「自動計算」功能 067

Trick 17　使用「自動完成」來快速輸入文字 067

Trick 18　移除 Excel 所有超連結 068

Trick 19　Excel 製作超好用下拉選單 068

Chapter 09　插入各式統計圖 **070**

Trick 01　插入統計圖 070

Trick 02　使用預設的圖表版面配置 071

Trick 03　設定圖表選項裡的格線 071

Trick 04　設定圖表的標題 072

Trick 05　設定圖表選項裡的資料標籤 072

Trick 06　圖表加入原表格 073

Trick 07　更改統計圖的圖表類型 073

Trick 08　更改或增刪統計圖的來源資料 073

Trick 09　更改圖例的文字 074

Trick 10　更改座標軸的間距 075

Trick 11　設定統計圖的背景 075

Trick 12　改變圖表區的大小 076

Trick 13　在統計圖表上加入趨勢線 076

Trick 14　快速插入統計圖 077

Trick 15　快速選取圖表中的資料數列 078

Trick 16　互換 XY 座標列 078

Trick 17　改變座標軸的相交位置 079

Trick 18　在工作表中插入圖案 079

Trick 19　用 SmartArt 圖形繪製循環圖 080

Trick 20　拼湊活用，Excel 也能繪製甘特圖 081

Chapter 10　訂定與顯示公式 083

Trick 01　插入自訂的公式 083

Trick 02　監看公式的內容 084

Trick 03　顯示運算公式 085

Trick 04　公式稽核群組 086

Trick 05　追蹤公式錯誤 086

Trick 06　公式錯誤代碼查詢 087

Trick 07　選擇性複製公式或註解 087

Trick 08　透過評估值了解公式運算 089

Trick 09　利用逐步追蹤，追蹤巢狀公式計算 091

Trick 10　使用智慧標籤校正公式錯誤 092

Chapter 11　常用函數 094

Trick 01　設定函數與參數，擺平所有計算難題 094

Trick 02　利用 SUM 函數，總和不必自己算 096

Trick 03　插入 AVERAGE 函數，輕鬆算出平均數 096

Trick 04　讓 COUNT 函數幫你計算資料筆數 097

Trick 05　以 STDEV 函數統計標準差 097

Trick 06　活用 IF 函數，判斷處理一次解決 097

Trick 07　善用巢狀函數，複雜運算不出錯 099

Trick 08　相對位址與絕對位址的參照 100

Trick 09　不同工作表的位址參照 101

Trick 10　各函數的意義查詢 102

Chapter 12　追蹤修訂 **116**

Trick 01　如何使用追蹤修訂 116

Trick 02　查詢追蹤修訂的紀錄 117

Trick 03　顯示修改後的歷程記錄 118

Trick 04　透過接受 / 拒絕修訂更新內容 118

Trick 05　公式的追蹤前導參照 119

Trick 06　如何使用追蹤從屬參照 120

Trick 07　如何清除追蹤箭號記號 121

Chapter 13　資料篩選與排序 **122**

Trick 01　如何使用資料篩選 122

Trick 02　如何使用資料排序 123

Trick 03　單欄資料排序 124

Trick 04　篩選資料 124

Trick 05　篩選多數條件 125

Trick 06　自訂數字篩選範圍 126

Trick 07　快速移除重複資料 127

Trick 08　讓 Excel 也能用中文數字排序 128

Chapter 14　樞紐分析表—製作報表的好夥伴 **130**

Trick 01　建立自己的樞紐分析表 130

Trick 02　隱藏或顯示欄位清單 131

Trick 03　如何新增樞紐分析表的欄位 132

Trick 04　三種移除樞紐分析表欄位的方法 132

Trick 05　變更樞紐分析表的資料計算方式 133

Trick 06　更新樞紐分析表的資料 134

Trick 07　隱藏樞紐分析表中的特定資料 135

Trick 08　顯示樞紐分析表內的詳細資料 135

Trick 09　隱藏樞紐分析表內的詳細資料 136

Trick 10　快速選取樞紐分析表中整列或欄的資料 136

Trick 11　將關聯性資料設成群組 137

Trick 12　快速選取群組的資料 137

Trick 13　排序樞紐分析表中的資料 138

Trick 14　樞紐分析圖讓分析表如虎添翼 138

Trick 15　按「表」操練樞紐分析圖 139

Trick 16　用顏色區分樞紐分析表的欄列 139

Chapter 15 　安全保護 Excel 檔案 140

Trick 01　保護整份檔案 140

Trick 02　以唯讀保護表單 141

Trick 03　保護單張工作表 142

Trick 04　取消活頁簿的保護設定 142

Trick 05　設定開啟檔案的密碼 143

Trick 06　取消開啟檔案的密碼 144

Trick 07　將儲存格內容變成圖片 145

Chapter 16 　完全列印 Excel 146

Trick 01　「自動分頁線」調整頁面不出界 146

Trick 02　列印前的事先預覽 146

Trick 03　「一下指」快速列印工作表 147

Trick 04　只列印工作表中的部分頁面 147

Trick 05　只列印單一選取範圍 147

Trick 06　列印多個選取範圍 148

Trick 07　列印整本活頁簿 149

Trick 08　列印多份工作表 149

Trick 09　直向或橫向列印 150

Trick 10　調整列印範圍的大小 150

Trick 11　自訂列印時的頁首和頁尾 150

Trick 12　置中列印讓報表更美麗 151

基本操作

CHAPTER

本單元將帶你熟悉 Excel 的基本操作，如開啟不同檔案、自動存檔、以及對檔案的追蹤修訂，讓你可以活用其他進階的檔案管理法則，除了可輕鬆管理你的 Excel 檔案，你也可將此套應用到其他 Office 2010 軟體，讓你日常的文書工作更加的有效率！

Trick 01 開啟最近編輯過的檔案

在 Excel 2010 中要開啟既有的檔案，可以直接按快速鍵〔Ctrl〕+〔O〕，再找到檔案儲存位置即可開啟。如果想開啟最近編輯過的檔案，有更快的方法哦！

首先按下〔檔案〕索引標籤，若要繼續編輯最近開啟過的文件，可以點選【最近】選項，即可直接從右邊的「最近使用的活頁簿」列表中找尋近開啟過的文件。

操作小撇步

若檔案不在清單當中，則點下【開啟舊檔】，以對話框中的路徑來尋找檔案。

Trick 02 設定預設的檔案儲存格式

Excel 2010 目前預設的特殊檔案格式，舊款的 Office 系統並不支援，若編輯的試算表為發佈用的重要表格，卻讓對方打不開的話，可真是浪費時間，其實你可以自行設定預設的儲存格式，以利於他人開啟檔案。

1 點選〔檔案〕索引標籤，將游標移到左側下方的〔選項〕，在此按鈕點一下。

操作小撇步

若檔案不在清單當中，則點下【開啟舊檔】，以對話框中的路徑來尋找檔案。

② 在「Excel 選項」對話框中，請先選擇左邊窗格的「儲存」選項，接著看到右方窗格中的「儲存活頁簿」，其中有個「以此格式存取檔案」選項，點開其選單，在此選擇「Excel 97-2003 活頁簿」這個選項（此格式在任何一個 Office 版本皆能被開啟），然後按下〔確定〕。

操作小撇步

日後在 Excel 2010 選擇存檔，就會預設以「Excel 97-2003 活頁簿」的規格儲存，再也不用每次存檔時再設一次檔案格式了！

Trick 03　開啟「複本」做修改

「複本」的定義為將檔案複製一份來修改，保留副本的好處為保存初始的原稿，以方便未來的回溯，也方便於日後依原稿結構的再更改。

① 先開啟 Excel，然後按下工具列的「開啟舊檔」📄。「開啟舊檔」對話框出現後，先切換到檔案放置的資料夾，在要開啟的檔案上按一下滑鼠左鍵🖱️，在此以「範例 1」為例，接著按下〔開啟〕旁的，再點選下拉選單中的【開啟複本】。

操作小撇步

若檔案不在清單當中，則點下【開啟舊檔】，以對話框中的路徑來尋找檔案。

② 現在可以看到新開啟的複本名稱為「複本 (1) 範例 1」，代表「範例 1」這份檔案的第一份複本。修改文件內容後，如按下工具列的「儲存檔案」💾 後，Excel 就會用這個檔名儲存。

操作小撇步

你也可以在功能表的【另存新檔】，自己取一個新的檔名來儲存。

Trick 04 用「唯讀」方式開啟檔案

利用「唯讀」開啟文件，可避免因無心的儲存，造成舊有文件遭覆蓋過後的無法復原！如果有修改內容，在儲存時會出現具有警告性內容的對話框，提醒使用者以新檔名另外存檔。

請先按下工具列的「開啟舊檔」 📄 來開啟檔案。「開啟舊檔」對話框出現後，先在要開啟的檔案上按一下滑鼠左鍵 🖱，在此以「範例 2」為例，接著按下〔開啟〕旁的 ▼，再從下拉選單中點選【開啟為唯讀檔案】即可。

操作小撇步

雖然無法更改原文件，但可在更改完後，在「另存新檔」的對話框中，以新檔名另外儲存。

Trick 05 一次開啟多個檔案

若一次開啟多份文件，利用鍵盤的 Ctrl 鍵及滑鼠即可達到此需求。

1 請先按下工具列的「開啟舊檔」 📄，「開啟舊檔」對話框出現後，先到要開啟檔案所在的資料夾，先點取第一份要開的檔案，再按住鍵盤上的 Ctrl 不放，再點取第二份要開啟的文件，依此方法陸續選取要開啟的檔案後，最後按下〔開啟〕。

操作小撇步

一次要開啟多個檔案，這些檔案一定要在同一個資料夾中！如果不是，請先將這些檔案移到同一個資料夾中。

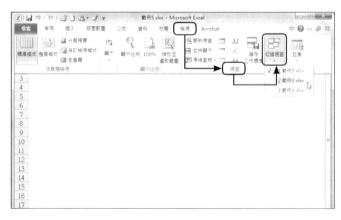

2 在功能表上的〔檢視〕索引標籤，【視窗】分類的【切換視窗】選單中，你可以選擇要切換到剛剛開啟的任一個文件，如本圖選取「範例 3」，點下後，即會切換到「範例 3」此活頁簿。

操作小撇步

在視窗最下方的工作列上，也會出現已開啟的 Excel 視窗名稱，在其上按一下滑鼠左鍵 🖱，也可以切換至不同的文件視窗中。

Trick 06 設定多人共用的活頁簿

若想要多人編輯一份活頁簿，則需要用到 Excel 的「共用活頁簿」的功能。不管是作報告、或者是收集資料等等的團體作業，「共用活頁簿」對於這些需求都相當的好用喔！

1 經由功能表的〔校閱〕索引標籤中的【共用活頁簿】按鈕，則會開啟「共用活頁簿」對話框，先切換到〔編輯〕活頁標籤，接著勾選「允許多人同時修改活頁簿，且允許合併活頁簿」，然後按下〔確定〕。

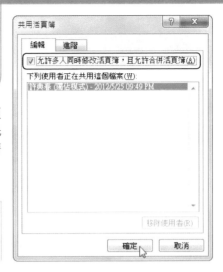

操作小撇步

你可以取消勾選「允許多人同時修改活頁簿，且允許合併活頁簿」，以關閉多人共用的功能。

2 隨即會出現提示你儲存的對話框，此時在〔確定〕上按一下滑鼠左鍵，來儲存變更此文件的屬性。

操作小撇步

開啟共用的活頁簿功能後，如果沒有儲存原來的檔案，一旦被修改後，就無法回復原來的檔案，所以 Excel 會要求你先做儲存的動作。如果你想保留原檔案，記得以另存新檔的方式儲存檔案。

Trick 07 追蹤活頁簿曾有的修訂狀況

製作好活頁簿之後，傳給其他人觀看，回傳之後，如果想要知道對方修改了那些地方，可以利用 Excel 內建的「追蹤修訂」功能，來追蹤什麼人在什麼時候更改了哪些資料。

1 點選功能表的〔校閱〕索引標籤中，【變更】分類的【追蹤修訂】按鈕，選擇選單中的【標示修訂處】。

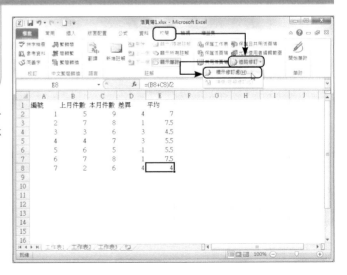

2 之後如果檔案有經過修改，可以看到修改過的儲存格上出現了藍色的邊框，接著將滑鼠游標移到該儲存格上時，就會出現修改的註解，由此便可追蹤修改者及修改的過程。

Trick 08 接受或拒絕其他人的修改

在共用活頁簿中，可以選擇接受或拒絕別人的修改。運用此技巧可以在其他人修改工作表之後，再重新過濾一遍，確定是否真的要修改這些資料，才接受這最後的修正結果。

1 開啟檔案後，點選功能表的〔校閱〕索引標籤中，【變更】分類的【追蹤修訂】按鈕，選擇選單中的【接受／拒絕修訂】。

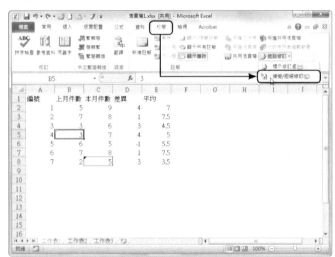

2 「接受或拒絕修訂」對話框出現後，勾選「修訂者」，並選擇接受或拒絕的修訂者對象，再在〔確定〕上按一下滑鼠左鍵。

Trick 09 設定「自動存檔」的時間

如果在使用 Excel 編輯重要的活頁簿檔案時突然跳電，來不及存檔，肯定會遺失不少先前編輯的資料。為了避免這種狀況發生，建議事先設定「自動存檔」時間，每隔幾分鐘電腦就會幫忙儲存一次，以防萬一。

1 點選〔檔案〕索引標籤，選擇其選單下方的〔選項〕。

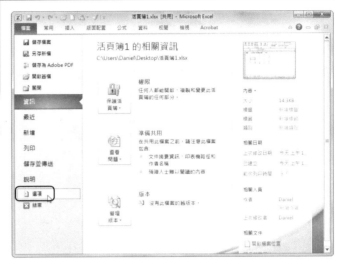

2 對話框出現後，選取左方窗格中的〔儲存〕，接著勾選右方「儲存活頁簿」分類中的「儲存自動回復資訊時間間隔」，並於後面的方框中輸入要自動儲存的時間，（在此以「10」為例），於是系統將會以 10 分鐘為間隔作一次儲存。

操作小撇步

Excel 2010 預設的自動回復儲存位置為「C:\Documents and Settings\Owner\Application Data\Microsoft\Excel\」，使用者可將其轉設定存於自己方便開啟的資料夾。

Trick 10 關閉「自動存檔」的功能

由於存檔也會耗費不少時間，你也可以關閉「自動存檔」的功能。來保持作業的流暢度。

以前例的步驟開啟「Excel 選項」對話框，對話框出現後，選取左方窗格中的「儲存」，接著在「儲存自動回復資訊時間間隔」前的☑上按一下滑鼠左鍵，使其呈現□，再按下〔確定〕，就可關閉「自動存檔」功能。

操作小撇步

在關閉自動儲存的功能後，常以手動儲存，以免當機造成文件毀損的遺憾。

Trick 11 儲存成非 Excel 的檔案

處理好活頁簿之後,通常都會直接儲存成 Excel 預設的格式檔案。其實,也可以將 Excel 轉存成其他的檔案格式,方便在不同的軟體中開啟,例如可以轉換成文字檔在 Word 或小作家下使用,或是轉換成 HTML 檔,直接上傳網頁發佈。

1 先開啟想存成別種檔案格式的 Excel 活頁簿,照前面教過的方式,選擇【另存新檔】。「另存新檔」對話框出現後,在「檔案名稱」方框中輸入要儲存的名稱,接著按下「存檔類型」方框旁的 ✔,從下拉選單中選擇要儲存的檔案類型,此以「CSV(逗號分隔)」為例,最後按下〔儲存〕。

2 此時會出現警告對話框,提示你所選用的檔案格式只容許一個工作表,這裡直接按下〔確定〕即可。

3 接著會出現提示對話框,說明若以其他形式格式來儲存此檔案的話,就會遺失某些 Excel 特有的功能。如果確定要儲存的話,則按下〔是〕,來強迫儲存此份文件。

> **操作小撇步**
>
> 儲存完成後,原本的 Excel 活頁簿檔案就轉換成文字檔了。你可以利用記事本來開啟此份檔案。

Trick 12 更改預設的存檔位置

在 Excel 中,開啟與存放檔案的預設資料夾是目前使用者的「文件」資料夾,以下的操作技巧,能將預設值更改為自己常用的資料夾,就可以更方便迅速地管理檔案。

以前例的步驟開啟「Excel 選項」對話框,對話框出現後,選取左方窗格中的〔儲存〕,接著在「預設檔案位置」空白框中輸入要更替資料夾的路徑及名稱後,按下〔確定〕即可。

Trick 13 存檔時自動備份

平常編輯完某個活頁簿檔案，都是直接將這個
檔案儲存下來，其實很多人不知道在存檔時，
也可以設定自動多存一份備份。這麼做之前，
必須先確定硬碟空間是否足夠，不然不小心將
電腦磁碟空間塞滿，可就本末倒置了。

1 選擇【另存新檔】檔案，在「另存新檔」對話
框右下方有 工具(L)▾ 按鈕，點選下拉選單，並選擇
【一般選項】。

🖱 操作小撇步

在原始的檔案上，另存新檔並無法建立備份檔案，只有在
儲存修改後的檔案時，才能產生備份檔案。

2 「一般選項」對話框出現後，先勾選「建立備
份」，接著按下〔確定〕，結束設定。儲存該檔後，
接著切換到「檔案總管」中，就可看到該備份檔案，此
備份檔案日後也可供做編輯使用。如果以後不需要這個
檔案，請記得刪除，以節省硬碟空間。

🖱 操作小撇步

「一般選項」對話框中，「保護密碼」代表開啟此文件時需
要密碼才能開啟；「防寫密碼」代表修改文件時需要密碼才
能修改；「建議唯讀」代表以唯讀的方式開啟檔案，別人無
法修改或刪除原始檔案。

Trick 14 找出隱藏的工具列

Excel 2010 中內建了許多的工具列，但由於版
面操作上的限制，所以許多工具列都被隱藏起
來，其實除了左上角「快速存取工具列」內顯
示的圖示按鈕之後，還是可以讓這些隱的工
具列顯示出來，方便點選直接操作。

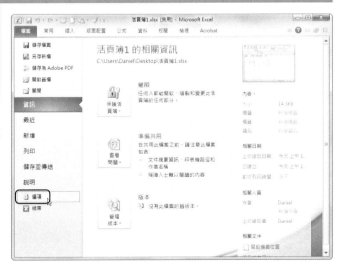

1 點選〔檔案〕索引標籤後，選取選單下方的〔選
項〕。

2 待「Excel 選項」對話框出現後，先點選左方窗格中的〔快速存取工具列〕，在「由此選擇命令」欄框找尋需要的功能，並且在下面的方框找尋需要插入的功能，接著按下〔新增〕即會出現在右側窗格中，完成後按下〔確定〕。

操作小撇步

在該工具列右上角的「關閉」× 上按一下滑鼠左鍵，可以關閉工具列。

3 點選工具列旁邊的 按鈕，也會跳出快速選單，使用者可以勾選的方式再選取其他的功能。

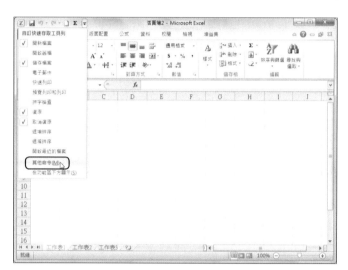

Trick 15　從 Web 匯入能動態更新的網頁內容

按照下面的方法，就可以讓工作表上的資料，根據使用者設定的時間，定時去網站抓取最新的資料來更新內容。

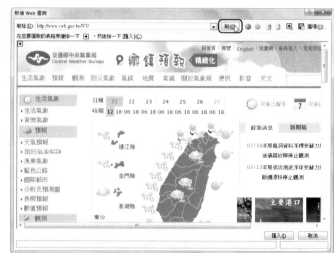

1 按下〔資料〕索引標籤，從功能表按下【取得外部資料】→【從 Web】。出現「新增 Web 查詢」對話框，可以讓使用者到想要截取內容的網頁。例如想到中央氣象局的網頁，截取關於氣象預報的資料，可在「地址」對話方塊輸入中央氣象局的網頁位址，然後按下〔到〕按鈕。

2 如果在「新增 Web 查詢」對話框網頁上，出現 ➔ 圖示，表示可以將這個範圍的資料匯入。如果我們只想匯入表格的內容，不想匯入其他文字，可以只按下表格旁出現的現 ➔ 圖示，原本的 ➔ 圖示會變成 ✔ 圖示，表示已將此範圍的資料框選起來，按下〔匯入〕按鈕，即可開始匯入動作。

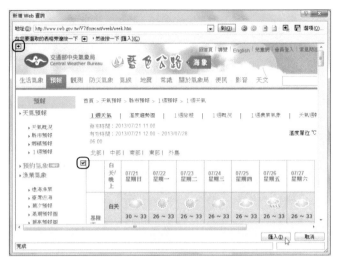

操作小撇步

從「Web 加入」的功能，只能從網頁匯入文字資料，其他如圖片、聲音檔、動畫等非文字內容無法處理，而且必須出現 ➔ 圖示才能匯入。

3 出現「匯入資料」對話框，使用者可以指定資料要放置的放置，可以點選「目前工作的儲存格」或「新工作表」，接下來要讓匯入的資料能定時更新，按下〔內容〕進入「外部資料範圍內容」對話框，使用者可以在「名稱」自行命名，在「更新」項目這一欄，可以設定資料多久更新一次，記得要勾選「每隔 XX 分鐘更新一次」這一欄，自行設定更新的時間，完成後按下〔確定〕，回到「匯入資料」對話框，再按下〔確定〕即可。

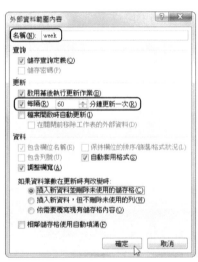

工作表使用基礎功

首先,帶各位讀者看看「工作表」和「活頁簿」有什麼不同。針對一般 Excel 的文件檔案,我們稱之為「活頁簿」,而活頁簿中一張張的試算表,則稱之為「工作表」。以下也帶各位讀者學習工作表的命名、刪除、複製、移動,及設定工作群組等等的技巧。學會這些基礎功之後,才能更靈活地運用 Excel!

Trick 01 重新命名工作表

為工作表命名是編輯新工作表的首要工作。為了讓下次的編輯一目瞭然,如果你是 Excel 的初學者,一定要先將這個要點學起來。

將滑鼠游標移到要更改名稱的工作表上,接著連按兩下滑鼠左鍵,這時原來的名稱〔工作表 1〕就會變成選取狀態。接著輸入新的名稱後,再按下鍵盤上的 Enter ,便完成更名的動作了。

操作小撇步

你也可以將滑鼠游標移到要更改名稱的工作表活頁標籤上,在其上按一下滑鼠右鍵,然後從出現的快速選單中點選【重新命名】。

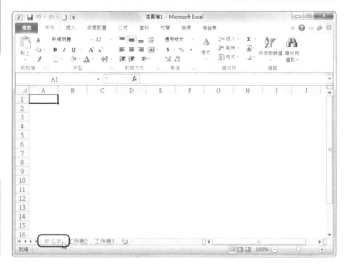

Trick 02 插入一個新的工作表

一般 Excel 會在每一個活頁簿中預先放置 3 張工作表,遇到不敷使用時,就必須新增工作表。

1 先在要插入新工作表的活頁標籤上按一下滑鼠左鍵,以切換到此工作表中,接著在該活頁標籤上按一下滑鼠右鍵,再點選快速選單中的【插入】即可。

操作小撇步

依序點選功能表上的【插入】→【工作表】,也能完成此動作。Excel2010 也新增了一個快捷按鈕,不需點右鍵即可新增新工作表,只要按工作表旁的 圖示,即可立即新增一頁工作表。

2 「插入」對話框出現後，先在「工作表」  上按一下滑鼠左鍵，也就是選取插入工作表的選項，接著按下〔確定〕，這樣就可以在〔工作表2〕與〔工作表3〕之間插入一個新的工作表。

操作小撇步

插入的工作表將放在作用中的工作表之前，因此必須先切換工作表後，再做插入的動作，才能保證插入的工作表位置無誤。

Trick 03 刪除工作表

工作表既然可以新增，當然也可以刪除，接著來看看如何刪除不需要的工作表。

在要刪除的工作表上按一下滑鼠左鍵，以切換到此工作表中，接著在該活頁標籤上按一下滑鼠右鍵，點選快速選單中的【刪除】，會出現警告的對話框，按下〔刪除〕即可刪除該工作表。如果該工作表內並未輸入任何資料，則執行刪除時不會出現任何警示對話框。

操作小撇步

若你不想刪除該工作表，則按下〔取消〕即可，刪除工作表後無法復原，所以刪除前一定要考慮清楚。

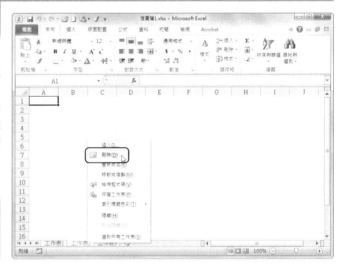

Trick 04 移動工作表

很多人都會同一活頁簿檔案內，放置許多的工作表，這些工作表大多有關聯，如果為了整理，必須移動工作表的前後順序，可以使用以下的操作方式。移動之後就可以更方便地檢視特定重要的工作表資料了。

1 在要移動的工作表上按住滑鼠左鍵不放，此時滑鼠游標就會變成，而在活頁標籤的左上角也會有一個倒三角形的符號▼出現。

操作小撇步

若你不想刪除該工作表，則按下〔取消〕即可，刪除工作表後無法復原，所以刪除前一定要考慮清楚。

2 接著拖曳此活頁標籤到要移動的地方，倒三角形▼所指的位置就代表工作表移動後的新位置。

操作小撇步

在移動的過程中，倒三角形符號▼會移動較慢，而工作表的插入完全視此符號的位置而定，因此必須等此符號到達定位後，才能放開滑鼠左鍵，以確保工作表能移動到正確的位置。

Trick 05 複製另一份工作表

製作與舊工作表結構相似的新工作表時，我們可以利用複製的功能，快速製作一份新的工作表。

與移動工作表的方法一樣，在要複製的工作表活頁標籤上按住滑鼠左鍵不放，然後按下鍵盤上的 Ctrl，當滑鼠游標變成 時，將工作表拖曳到要複製的地方先放開滑鼠左鍵，再放開鍵盤上的 Ctrl。

Trick 06 設定工作群組

將多個同時作用的工作表設定為工作群組，如此在輸入或刪除資料時，就能方便地同步執行；此技巧通常用於有相同資料出現的工作群組中。

1 將要視為是一個群組的工作表圈選起來，方法為按住鍵盤上的 Shift 不放，點選想要的工作表，等到確認的工作表皆反白後，則放開 Shift 鍵，在此例選取了工作表1、工作表2及工作表6等三個工作表。

2 如此完成了工作表群組的設定，此時只要在工作表群組中任何一個工作表，特定儲存格輸入資料，切換到其他的工作表，就會看到其他工作表的同一個儲存格上，也都被填入相同的值了。

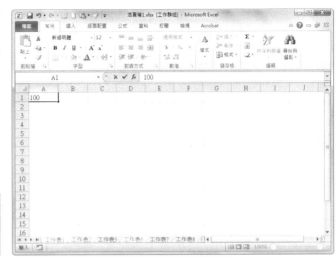

Trick 07　檢視工作表活頁標籤

當工作表數量較多時，無法一次在下方點選到需要的工作表，這時候，可以利用活頁標籤左側的選單，來移動活頁標籤的位置。

在 Excel 視窗左下角，也就是工作表活頁標籤左方的 ◄ 上按一下滑鼠左鍵，工作表活頁標籤就會往左移動一個單位。如果在 ►I 上按一下滑鼠左鍵，會看到顯示的活頁標籤是範圍最右邊的幾張工作表。右圖我們可得知最後一張工作表名稱為「工作表 14」。

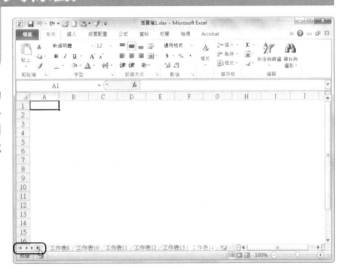

Trick 08　快速選定工作表

當工作表比較多時，此方法可快速地切換工作表；通常用於工作表比較多的活頁簿。

在 Excel 視窗左下方的 I◄ ◄ ► ►I 區域上按一下滑鼠右鍵，就會出現所有工作表的選單，將滑鼠游標移到要切換的工作表上，按一下滑鼠左鍵，就可以直接切換到該工作表。

Trick 09 在不同工作表間移動或複製資料

用滑鼠直接拖曳即可複製不同工作表之間的資料，不必透過工具列，就可完成跨工作表的資料轉移。

1 先選取要移動或複製的儲存格，只要將滑鼠移到該儲存格的邊緣，此時滑鼠游標就會變成 ✛。現在先按住鍵盤上的 Alt 不放，接著按住滑鼠左鍵 不放，將儲存格拖曳到要移動目的地的工作表後，再放開鍵盤上的 Alt，此時還不要放開滑鼠左鍵。

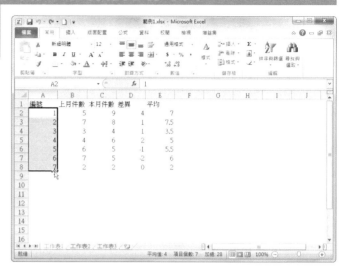

2 然後將滑鼠向上拖曳，選到要放置的儲存格上後，再放開滑鼠左鍵 ，該筆資料就會被移動到此儲存格上。

操作小撇步

若是要複製資料，則要在按住滑鼠左鍵 之前，先同時按下鍵盤上的 Ctrl 和 Alt，再按照這裡的步驟，繼續拖曳儲存格到要複製的目的地儲存格上，就可以複製跨工作表的資料了。

Trick 10 開啟新的活頁簿檔案

Excel 2010 在啟動時會自動開啟一份空白的活頁簿檔案，但若要另外開啟一份新的空白活頁簿檔案，則可使用以下這個技巧。

1 點選〔檔案〕索引標籤後，點選其中的【新增】選項。

操作小撇步

展開的功能表後，直接按下鍵盤上的 N 鍵，即可立即開新檔案。

2 接著從中間「可用範本」中點選〔空白活頁簿〕，然後按下〔建立〕按鈕，就會新增一個空白活頁簿。

操作小撇步

按下「快速存取工具列」上的 按鈕，然後點選【開新檔案】。之後即可直接按下「快速存取工具列」中的 「開新檔案」按鈕，新增空白活頁簿。

Trick 11 使用多重視窗

當你在編輯資料龐大的工作表時，可以使用多重視窗開啟兩個以上的視窗，方便檢視編輯其中的資料。

先開啟檔案，依序按下〔檢視〕索引標籤→【視窗】中的【開新視窗】按鈕，就會在另一視窗中開啟同一份文件。按下〔切換視窗〕按鈕，就可以看到下方選單中有兩份文件，分別是「範例1.xlsx:1」與「範例1.xlsx:2」。

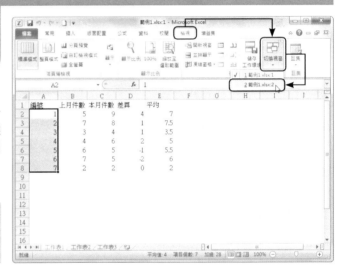

操作小撇步

如果再繼續按下「開新視窗」按鈕，就會在第三個視窗中開啟檔名為「範例1.xlsx:3」的文件。

Trick 12 並排顯示讓資料一目瞭然

和上一個技巧不同的，以下要教的技巧，可以將剛剛所開啟的數個檔案，在同一個視窗顯示，如果要編輯同份表單不同版本，這個技巧可以幫助你利用固定的空間，做最好的檢視利用。

1 依前例的方法，開啟了幾個視窗之後，依序按下【檢視】索引標籤→【視窗】的【並排顯示】按鈕，接著在「重排視窗」對話框中，點選所需要的排列方式，例如：點選「磚塊式並排」，然後按下〔確定〕。

操作小撇步

如勾選「重排使用中活頁簿的視窗」，則會以相反的順序排列檔案於同一個視窗當中。

2 現在，你可以看到先前被開啟的三個活頁簿已呈磚塊式排列組合，只要你在進行編輯工作的活頁簿上按一下滑鼠左鍵🖱️，就可以切換到該活頁簿中。

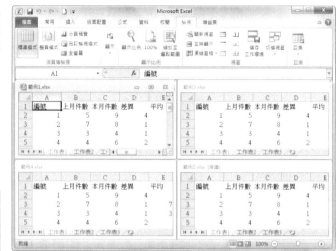

操作小撇步

如果要關閉這三個並排的視窗，必須先切換到要關閉的視窗上，再以關閉檔案的方式，逐一關閉其他的視窗。

Trick 13　儲存多重活頁簿

我們可將多個活頁簿當成一份文件儲存處理，處理有關聯的多個活頁簿。

1 先開啟要成為同一份文件的所有活頁簿，依序按下〔檢視〕索引標籤→【視窗】分類中的【儲存工作環境】按鈕。「儲存工作區」對話框出現後，先切換檔案的儲存位置，然後在「檔案名稱」方框中輸入檔案名稱，再按下〔儲存〕。

操作小撇步

儲存的這一份 Excel 工作環境檔案副檔名是「.xlw」。

2 接著按下〔檔案〕索引標籤，然後點選【開啟舊檔】，開啟「開啟舊檔」對話框後點選剛剛儲存的檔案，就可一次開啟多個活頁簿的檔案。

操作小撇步

將作業工作表切換全視窗後，我們可以利用上面教過的【切換視窗】來切換不同工作表的作業，路徑為：〔檢視〕索引標籤→【視窗】群組中的【切換視窗】。

3 儲存格及資料的選取

CHAPTER

使用者常需要對表格資料做出調整版面、以及複製資料的動作,這些操作不外乎是對儲存格的新增刪除及合併、相鄰或零散的資料複製,以及插入或刪除欄列等動作等,這些動作看似複雜,其實只要善用你的鍵盤和滑鼠,皆可以輕鬆操作喔!下面就逐步教讀者如何輕鬆選取刪除你要的資料囉!

Trick 01 選取儲存格

我們可一次選取多個相鄰的儲存格,如此則有便將統一的格式套用到這些儲存格中,也有利於一次複製大量相鄰的儲存格資料。

先將游標移到欲選範圍最左上方的儲存格,按住滑鼠左鍵不放,再向右下角拖曳到欲選取範圍最右下方的儲存格後,放開滑鼠左鍵。

操作小撇步

拖曳時必須按住滑鼠左鍵不放,否則只會選取單一儲存格。當你拖曳超過要選取的範圍時,只要往回拖曳滑鼠即可。

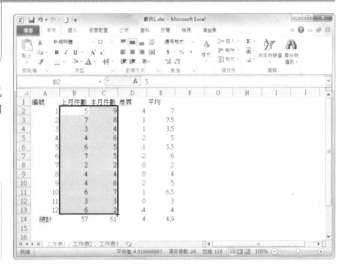

Trick 02 選取多個不相鄰的儲存格

如果要一次選取不連續的儲存格,我們只要利用 Ctrl 以及滑鼠,即可進行不連續資料的選取。

如下例,我們想要選取「B2」、「B4」、「B6」、「B8」、「B10」、「B12」、「B14」及「C14」的儲存格時,可以按住鍵盤上的 Ctrl 不放,然後一一點選我們要選取的儲存格,即可選取不相鄰的儲存格了。

操作小撇步

記住要先按住鍵盤上的 Ctrl 再進行選取的動作,否則第一次選取的儲存格會消失,變成只選取第二個範圍的儲存格。

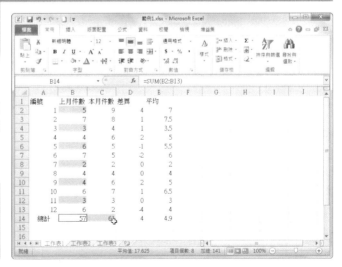

Trick 03 選取整欄或整列

將滑鼠游標移到要選取的欄號，例如：「D」上，當游標變成↓時按一下滑鼠左鍵，即可選取「D」欄。同樣的將滑鼠游標移到要選取的列號，例如：「4」上，當游標變成→時按一下滑鼠左鍵，即可選取第「4」列。

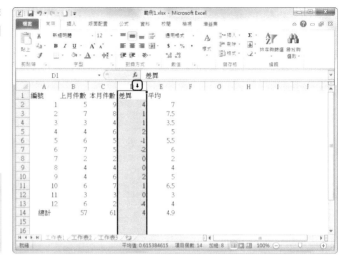

操作小撇步

如果滑鼠游標沒有移到欄號「A、B、C……」及列號「1、2、3……」上，或是滑鼠游標沒有變成↓或→形狀時再按一下滑鼠左鍵，是無法選取欄或列的。

Trick 04 選取相鄰的多列或多欄儲存格

選取連續多列或多欄的儲存格，我們可利用滑鼠搭配鍵盤上的 Shift ，就可以選取相鄰的多列或多欄儲存格，有利於連續資料的複製或搬移。

用滑鼠點選欲選取列的最上方一列（例如：第 5 列），然後按住鍵盤上的 Shift 不放，再直接點選欲選取目標的最後一列（例如：第 10 列）上，當滑鼠游標變成→時，按一下滑鼠左鍵，就會將第 5 列到第 10 列都選取起來。選取多欄的方法也一樣。

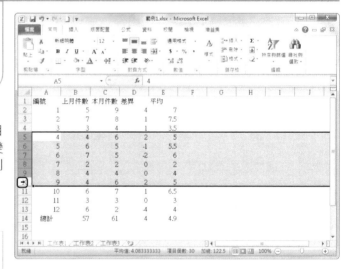

操作小撇步

記住要先按住鍵盤上的 Shift ，再做選取的動作，否則會變成選取該列的動作，而不能選取多列。例如在要選取的第一列或第一欄上按住滑鼠左鍵不放，並向上下或左右拖曳即可。

Trick 05 選取不連續的多欄或多列

先選取第一個範圍（例如：第 3 列），再按住鍵盤上的 Ctrl 不放後，點選第二個範圍（例如：第 7 列），就會將第 3 列與第 7 列分別都選取起來。

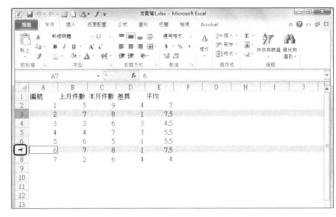

Trick 06 直接跳到指定的儲存格

當工作表的資料比較龐大時，簡單地利用鍵盤上的功能鍵，就可以使用指定的功能，直接選取要檢視的儲存格。

按一下鍵盤上的 F5 （或按下快速鍵〔Ctrl〕+〔G〕鍵），會開啟「到」對話框，接著在「參照位址」空白框中輸入要檢視的儲存格（例如：「D256」），再按〔確定〕，則視窗就會很快地跳到儲存格「D256」。

操作小撇步

我們也可直接在左上方的「儲存格」顯示欄，將儲存格代號改為想要選取的儲存格代號，按「Enter」之後即會自動跳到想要的儲存格。

Trick 07 快速選取跨螢幕的範圍

對於範圍龐大的工作表，我們必須以捲動頁面來選取範圍，嫌費時又費工，下面教你的小技巧，便於你快速選取跨螢幕的範圍喔！

先選取第一個儲存格，接著按下垂直捲動軸的 ✓ 來捲動工作表，直到出現要選取範圍的最下角後，先按住鍵盤上的 Shift 不放，然後再按一下滑鼠左鍵，就可以將左上角到右下角的範圍整個選取起來。

操作小撇步

讀者也可以利用長按 Ctrl ，以及滑動滑鼠中間的滾輪，來作全工作表資料的放大及縮小，將頁面資料縮小了，如此，選取資料上也能更加方便。

Trick 08 選取整張工作表

同樣只要輕按一下滑鼠左鍵，就可以馬上將整個工作表選取起來，以方便進行整個工作表的複製或搬移。

將滑鼠游標移到工作表左上方的上，當滑鼠游標由變成時，再按一下滑鼠左鍵，就會將整個工作表選取起來。

操作小撇步

不要用拖曳滑鼠去做選取整個工作表的動作，那是沒有效率的。與 Word 不同的是，在 Excel 功能表裡並沒有「選取表格」的功能。

操作小撇步

CTRL+1	顯示 [儲存格格式] 對話方塊。
CTRL+2	套用或移除粗體格式。
CTRL+3	套用或移除斜體格式。
CTRL+4	套用或移除底線。
CTRL+5	套用或移除刪除線。
CTRL+6	在隱藏物件、顯示物件和顯示物件預留位置間交替。
CTRL+7	顯示或隱藏 [標準] 工具列。
CTRL+8	顯示或隱藏大綱符號。
CTRL+9	隱藏選定列。
CTRL+0	隱藏選定欄位。

儲存格資料

上一章大致談到了儲存格選取及複製的基本功能，在這章則要提到選取儲存格資料的進階功能，如合併儲存格、幫儲存格加上註解、以及用滑鼠的拖放來複製鄰近的資料，學會這些功能則會讓你在進行日常的文書作業上，更加事半功倍。

Trick 01 在儲存格中設定自動換列

當輸入文字長度超過儲存格寬度時，我們會將儲存格內的資料設定為自動換列，如此文字不會再因預設欄列寬的問題而無法顯示，也讓製作的表格更加一目了然。

先選取要自動換列的儲存格，接著在其上按一下滑鼠右鍵，點選快速選單中的【儲存格格式】。「儲存格格式」對話框出現後，先切換到〔對齊方式〕活頁標籤，接著勾選「文字控制」選項下方的「自動換列」，再按下〔確定〕即可。

操作小撇步

在想分行的字後按住 Alt 不放，再按下 Enter ，即可輸入兩行以上的資料喔。

Trick 02 合併儲存格

利用合併儲存格的功能，可使資料跨欄顯示，我們多將此功能用於標題或主旨資料的表示，多多利用合併儲存格的功能，也可讓資料於版面有效的配置。

1 若我們要將兩個儲存格合併，先選取要合併的兩個儲存格後，按一下滑鼠右鍵，再點選右鍵快捷選單中的【儲存格格式】。等「儲存格格式」對話框出現後，先切換到〔對齊方式〕活頁標籤，接著勾選「合併儲存格」，再按下〔確定〕。

操作小撇步

按下工具列的「跨欄置中」也會有合併儲存格的功能，但合併儲存格並不會有置中的效果。

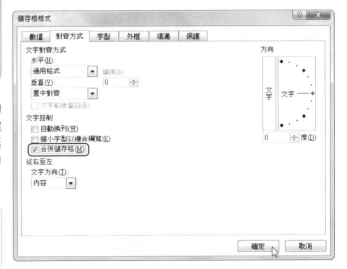

2 如此，我們可以看到兩個儲存格相合併，若要在每一列將這兩欄的儲存格合併，則可重複的使用此方法。

操作小撇步

如果想取消合併的儲存格，請先利用步驟 1 的方法，開啟「儲存格格式」對話框後，再切換到〔對齊方式〕活頁標籤，接著取消勾選「合併儲存格」，最後按下〔確定〕即可。或點按「跨欄置中」⊞ 取消設定。

Trick 03 讓儲存格文字傾斜

儲存格內的文字並非只能呈垂直或水平狀態，Excel 可讓儲存格內的文字換個角度排列，這小小的變化可是能美化或突顯文字的效果喔！

先將要調整文字角度的儲存格選取起來，接著在其上按一下滑鼠右鍵，並點選【儲存格格式】。等到「儲存格格式」對話框出現後，切換到〔對齊方式〕，接著在「方向」方框中的◆上按住滑鼠左鍵不放，往向左上角拖曳。，即可將文字設定成斜角排列。

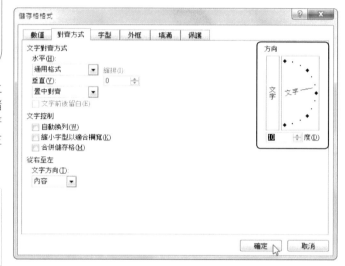

操作小撇步

如果儲存格沒有隨文字變化而自動變大時，你可以將儲存格一一拉至需要的高度，或者以統一「調整列高」，來改變每一列的高度。

Trick 04 定義儲存格的名稱

為同一類的儲存格賦予定義後，之後只要在儲存格工具列上選取該定義，就可以一次選取同類的所有儲存格。在資料庫或者是運用大量公式的資料中，我們常常會用到此技巧。

1 先將同類的儲存格選取起來，接著將游標移到工具列的「名稱方塊」上（下圖游標顯示處），當滑鼠游標變成 I 時，再按一下滑鼠左鍵。然後輸入新的定義名稱，接著按下鍵盤上的 Enter 。

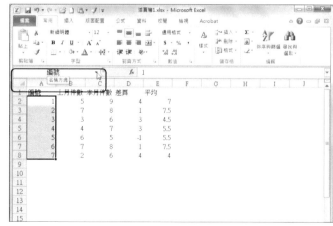

2 要選取剛剛定義的儲存格時，先在「儲存格名稱方塊」旁的 ▼ 上按一下滑鼠左鍵，再點選定義的名稱。這時，就會顯示出剛剛定義的儲存格範圍。

操作小撇步

Excel 2010 也有專屬的按鈕可幫儲存格範圍進行命名。框選想要的儲存格後，選取〔公式〕索引標籤，再按下【定義名稱】按鈕，選擇選單中的【定義名稱】。

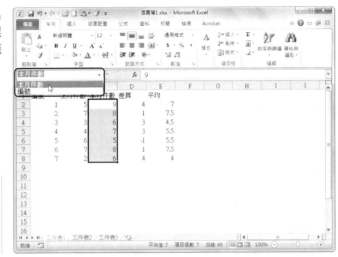

Trick 05　幫儲存格加上註解

對於一些零碎或是額外的資料，我們另外記載於儲存格的「註解」裡，讓使用者方便快速地了解儲存格內資料的意義，這對特殊的儲存格資料的註明（如公式）相當有幫助。

1 先選取要加上註解的儲存格，接著在其上按一下滑鼠右鍵，點選快速選單中的【插入註解】。

操作小撇步

你也可以在功能表的【插入】上按一下滑鼠左鍵，再點選下拉選單中的【註解】。

2 此時，在儲存格的右上角會出現一個三角形的紅色記號，此刻旁邊出現可輸入註解的便條紙，請在其上輸入註解的內容。輸入完畢後，將滑鼠游標移到其他儲存格上，再按一下滑鼠左鍵，就完成註解的設定了。

操作小撇步

輸入註解後，要在其他的儲存格上按一下滑鼠左鍵，而不是按下鍵盤上的 Enter，否則只能在註解的方塊中往下多增加一行，無法完成編輯。

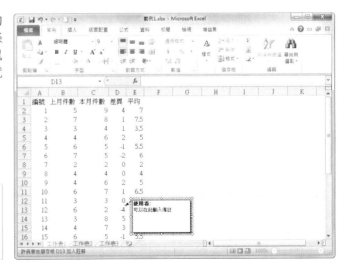

3 以後，只要將滑鼠游標移到有紅色三角形記號的儲存格上時，就會出現該儲存格的註解。

操作小撇步

在輸入註解的方塊上方，會出現使用者的名字，此名字是你安裝 Excel 時所輸入的註冊資訊。

Trick 06 更改儲存格的註解

當發現儲存格上的註解有誤，或要新增註解時，可以使用本技巧來更改該儲存格上的文字註解。

先選取要更改註解的儲存格，然後在其上按一下滑鼠右鍵，再點選右鍵快選單中的【編輯註解】。註解方塊出現後，在其上輸入要更改的文字，然後在旁邊上按一下滑鼠左鍵，註解的變更就完成了。

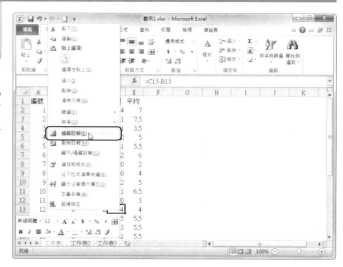

Trick 07 刪除儲存格的註解

如儲存格的註解已經不適用或不再需要時，可以使用刪除的技巧，來刪除儲存格上的註解。

先選取要刪除註解的儲存格，接著在其上按一下滑鼠右鍵，再點選快速選單中的【刪除註解】，就可以把註解刪除了。

操作小撇步

如果儲存格上的三角形記號已經不見，而且將滑鼠游標移到該儲存格上時，也不會出現註解方塊，表示該註解已經被刪除了。

Trick 08 利用工具列快速複製儲存格

如你需要經常輸入相同的資料，可以利用複製功能，如此可以大量節省資料輸入的時間。對於大範圍，或不同的工作表、活頁簿間的資料複製，此技巧相當的有用喔！

1 以下例來看，選取要複製的儲存格後，將滑鼠游標移到工具列的〔複製〕上，並按一下滑鼠左鍵。

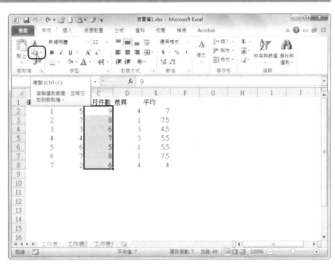

2 此時被複製的資料上，會以虛線一閃一閃表示將會被變動，我們將滑鼠游標移到複製儲存格的起始格上，並按一下滑鼠左鍵，再按下工具列的的「貼上」即完成。

✎ 操作小撇步

複製完畢後，被複製儲存格上流動的虛線還會存在，這時只要按下鍵盤上的 Esc ，即可取消該選取範圍及虛線。

Trick 09 利用工具列圖示做剪貼

當某些資料需要搬移到其他地方時，可以利用「剪下」、「貼上」來進行剪貼的動作。此技巧通常用於剪貼範圍較大，或是不同的工作表和活頁簿間的資料剪貼。

先選取要搬移的資料選取起來，接著按下工具列的「剪下」，此時被剪下的資料上會出現一閃一閃的虛線。在此先在標題列前新增一列，並接著將滑鼠游標移到要搬移資料的目的地儲存格的起始格上，並按一下滑鼠左鍵，接著按下工具列的「貼上」即可。

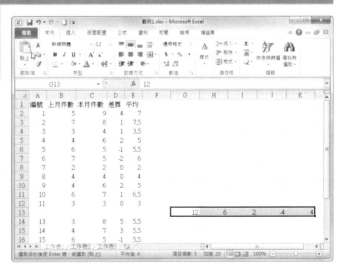

Trick 10 利用滑鼠「拖放」複製儲存格

若要複製工作表中相鄰或相近間的儲存格，我們僅需利用滑鼠便可完成作業，如此便可節省資料輸入的時間。

1 先選取要複製的資料圈選起來，再將滑鼠移到選取範圍的邊緣，使滑鼠游標由 ✚ 變成 ✛ 時，接著按下鍵盤上的 Ctrl 不放時，滑鼠游標會變成 ⬚。

2 接著按住滑鼠左鍵 🖱 不放，拖曳到要複製的目的地儲存格上後，再放開滑鼠左鍵 🖱，剛剛的資料就會被複製到新的儲存格上了。

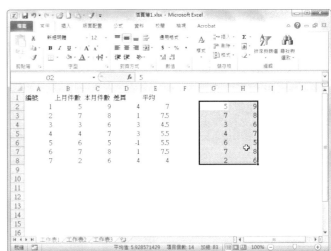

✎ 操作小撇步

需同時按住鍵盤上的 Ctrl 與滑鼠左鍵 🖱，才能達到複製資料的效果喔！

Trick 11 利用滑鼠「拖放」來剪貼相近的儲存格

和上一部所教的步驟相仿，在剪貼資料範圍小、資料相鄰的地點，只要輕鬆利用滑鼠「拖放」，就可以輕鬆地將資料搬移到另一個地方。

先將要搬動的資料選取起來，接著將滑鼠游標 ✚ 移到選取範圍的邊緣，當滑鼠游標變成 ⬚ 時，按住滑鼠左鍵不放 🖱，此時滑鼠游標會變成 ⬚，接著將資料拖曳到目的地儲存格上後，再放開滑鼠左鍵 🖱，資料就成功的被搬移到新的儲存格上了。

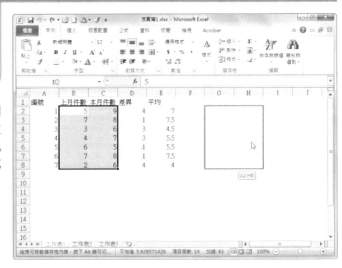

5 儲存格格式設定

Excel 的「儲存格格式」功能，除了可以訂定資料對應的儲存格樣式格式，也可以依不同的數據範圍來作顏色的標明、或是數據資料的格式轉換等，這些小功能在數據資料的註明、轉換等都非常的好用，接下來就帶各位讀者來看看。

Trick 01 自訂格式樣式

若要將儲存格統一套用某同種格式時，我們可以自訂儲存格的樣式，就可快速將此格式套用到不同的儲存當中。

1 先選取要套用自訂格式樣式的儲存格，接下來點選〔常用〕索引標籤，【樣式】分類中的【儲存格樣式】，等選單跳出後，請選擇【新增儲存格樣式】。

2 「樣式」對話框出現後，先在「樣式名稱」方框中，輸入自訂樣式的名稱，接著按下〔格式〕，來修改此樣式的儲存格格式。

3 「儲存格格式」對話框出現後，則開始選定自己喜歡的樣式。最後按下〔確定〕後，即可看到自己選定格式的套用結果。

Trick 02 在儲存格中套用數值等格式

若要在儲存格中套用數值、貨幣、會計專用等格式，系統已預設這些可格式的運算功能，只要輸入數值，儲存格就會自動進行分辨囉。

1 先選取要套用這些格式的儲存格，先選取要套用自訂格式樣式的儲存格，接下來點選〔常用〕索引標籤，【樣式】分類中的【格式】，等選單跳出後，然後選擇選單最底下的【儲存格格式】。

2 「儲存格格式」對話框出現後，先切換到〔數值〕活頁標籤，再點選「類別」方框中的選項，按下「小數位數」方框旁的 ▼ 或 ▲，來調整小數點後的位數，然後在「負數表示方式」方框中點選負數時所要表示的方式，最後按下〔確定〕。

操作小撇步

勾選「使用千分位（,）符號」前的 □，使其呈現 ☑，這時數字則會以加上千分位符號表示，例如 123,456, 789。

3 此時即可看到儲存格內的數值，都依剛才設定的格式呈現。

操作小撇步

「會計專用」格式沒有設定「負數表現方式」的選項，至於其他部分都和「貨幣」格式相同。

套用「貨幣」格式 （負數為紅色）	$200.0000 -$567.0000
套用「會計專用」格式	$ 200.0000 -$ 567.0000

Trick 03 在儲存格上套用特殊的格式

你也可以在儲存格上套用一些特殊的格式，例如郵遞區號、劃撥帳號或是中文字的數字格式，以符合自己的需要。

1 以此例來說，我們要將阿拉伯數字轉換為中文的數字，在此先選取要套用特殊格式的儲存格，接著在儲存格上按一下滑鼠右鍵，再點選快速選單中的【儲存格格式】。「儲存格格式」對話框出現後，先切換到〔數值〕活頁標籤，再點選「類別」方框中的「特殊」選項。

2 接著，點選「類型」方框中需要的選項，表示將先前輸入的數字改成正式的國字格式，然後按下〔確定〕。原本的阿拉伯數字就會自動變成中文大寫數字了！

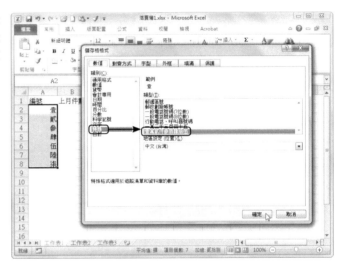

Trick 04 在儲存格上套用自訂格式

對於預設格式中找不到的格式，我們可以自行定義格式，並將其套用到「自訂」格式內。

1 先選取要套用自訂格式的儲存格，輸入數字後。接著在儲存格上按一下滑鼠右鍵，點選快速選單中的【儲存格格式】。「儲存格格式」對話框出現後，先切換到〔數值〕活頁標籤，再點選「類別」方框中的「自訂」。

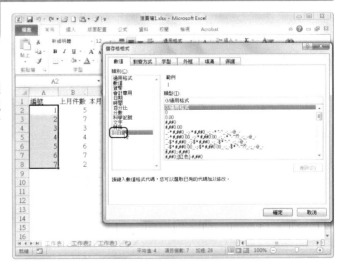

2 接著在「類型」方框中，輸入你需要的類型，接著按下〔確定〕，儲存格中的數字就以我們指定的格式呈現了！

操作小撇步

在你輸入自訂的類型時，在上面的「範例」方塊中會即時出現你設定的格式結果，所以你可以馬上確認所設定的格式是否正確。

3 針對你所輸入的數字或文字，自訂格式可依你的需要一次設定四種格式，稱作區段格式。這四種格式設定完成後，當您輸入資料時，Excel 會先辨認資料的形式，再套用你當初所設定的格式並顯示出來。設定方式是以分號（；）來區隔，例如：「##.##；##.##；#.#；0*_」，依序分別代表正數、負數、零值及文字的設定。

各種符號所代表的意義如下表：

符號	意義	格式	輸入資料值	套用格式後的結果
#	數字的格式	##.000	23.4	23.400
?	對齊小數點	??.??	23.4	23.4（在 4 之後不會補 0，但會空一格）
*	填入相同的符號	0*_	14	14----

Trick 05 設定儲存格的格式化條件

若想方便地尋找同一範圍的資料，可以利用以下這個技巧，可以很清楚地辨識哪些資料是屬於同一組的。

1 先選取要格式化的儲存格，接著選擇功能表的〔常用〕中的【設定格式化的條件】，先選擇其選單中的【醒目標式儲存格規則】，我們可以看到有許多選項可作選擇，在此我們先選擇【其他規則】這個選項。

2 「新增格式化規則」對話框出現後，選取「選取規則類型」方框內第二個「只格式化包含下列的儲存格」。例如：在第一個 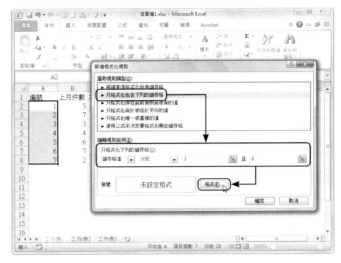 空白框中填入「3」，在第二個 空白框中填入「6」，表示要設定已選取資料中的 3 至 6（包含 3 與 6），然後按下〔格式〕。

3 接著會出現「儲存格格式」對話框，可以在這裡選擇要顯示的格式。（如：按下「色彩」右下方的 ，及選擇字體），然後按下〔確定〕。

4 我們可用上一個步驟的方法在設定一次，此次將第二個條件設定於 1-2 之間，顏色設定為「藍色」 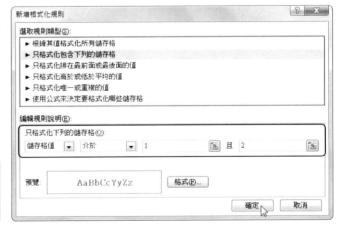，設定完成後，就按下〔確定〕離開。

✍ **操作小撇步**

當然你可以再繼續按下〔新增〕，以新增第三個條件，不過最多也只能設定三個條件。

5 現在可以看到原先選取的儲存格中，只要是 3-6 的數字，就會以紅色顯示；而 1-2 的數字，則會以藍色顯示。

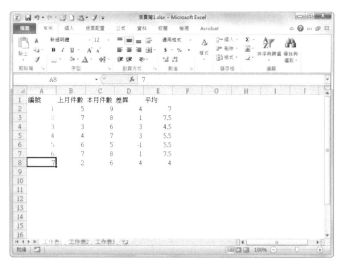

Trick 06 刪除儲存格的條件格式化設定

這個技巧可以將儲存格的設定過的「條件格式化」設定刪除掉，通常用於不再需要區分資料時。

先選取要套用這些格式的儲存格，先選取要套用自訂格式樣式的儲存格，接下來點選〔常用〕索引標籤，【樣式】分類中的【設定格式化的條件】，等選單跳出後，然後選擇選單的【清除規則】→【清除選取儲存格的規則】。

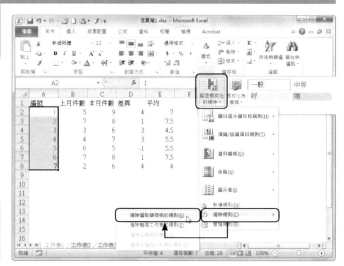

操作小撇步

如此，可以看到資料的顏色標明消失，這代表已取消了上例的設定。

Trick 07 變換各種文字字型

先選取要更改字型的儲存格，然後按下工具列上的「字型」 新細明體 方框旁的 ，再從下拉選單中點選想要更換的字型即可。

Trick 08 更改各式文字大小

除了更改字型外，你也可以更改儲存格原本文字的大小，讓表格資料看起更清晰分明。

先點選要更改字型大小的儲存格資料，然後按下〔常用〕索引標籤中「字型大小」12 方框旁的，從下拉選單中點選想要更改的字型大小即可。

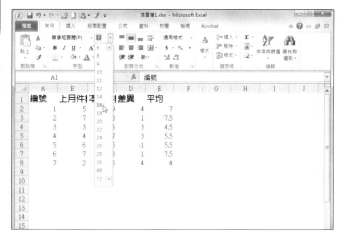

Trick 09 設定不同的文字對齊方式

只要更改儲存格內文字的對齊方式，讓文字全都靠左、靠右或置中對齊，就能讓表格資料看起來更整齊美觀！

選取要對齊的儲存格，按下〔常用〕索引標籤中的對齊按鈕（例如：「置中」）。以在 Excel 的預設值中，文字是靠左對齊，數字則是靠右對齊。

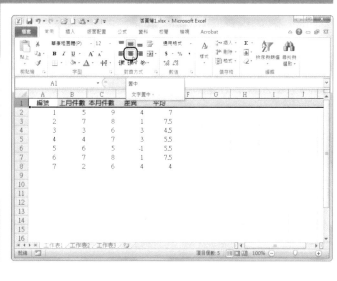

操作小撇步

除了「置中對齊」）外，你也可以選擇「靠左對齊」，或「靠右對齊」。

Trick 10 改變各種文字的樣式

先點選要更改文字樣式的儲存格，然後按下〔常用〕索引標籤中，【字形】分類的文字樣式按鈕（例如：「粗體」B）即可。

操作小撇步

用同樣的方式，也能加上「斜體」I 或「底線」U 的特殊效果。而如果想要取消粗體效果，只要再按一次工具列上的「粗體」B 即可。

Trick 11　調整文字的排列方式

若需要直式的型式，利用「儲存格格式」即可
將橫向的文字排列改為直向即可。

1 先選取要更改文字排列方式的儲存格後，在其
上按一下滑鼠右鍵，接著點選快速選單中的
【儲存格格式】。

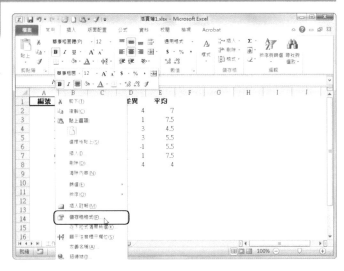

2 開啟「儲存格格式」對話框後，先切換到〔對
齊方式〕活頁標籤，接著在「方向」選項中的
「直式」 上按一下滑鼠左鍵，就可以把文字更改

為直書，然後按下〔確定〕，即可將文字變為直排。

Trick 12　讓表格資料跨欄置中

「跨欄置中」的功能，可讓資料位跨越多欄居
於正中，此技巧通常用於標題列的文字上。

先選取要跨越的所有儲存格，然後按下〔常用〕索引
標籤中的點選「跨欄置中」 ，即可將儲存格文字做
跨欄置中的動作。

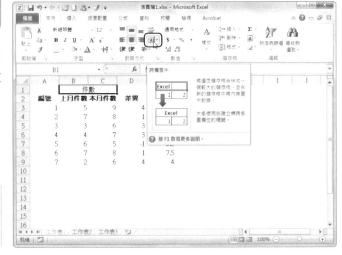

操作小撇步

如果要取消「跨欄置中」，無法直接按下工具列上的「跨
欄置中」 來取消。

Trick 13 將欄或列隱藏起來

當活頁簿裡有不想被人瀏覽的資料，或是太多的欄和列時，為了瀏覽和工作時的方便，你可以利用這個技巧將某些資料隱藏起來。

1 將滑鼠游標移到要隱藏的欄位上後，這時按一下滑鼠右鍵，就會選取整欄，並出現快速選單，接著點選右鍵快速選單中的【隱藏】，就可以隱藏該欄。

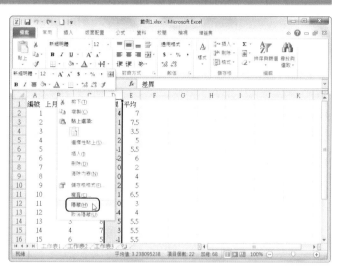

操作小撇步

必須先選取整欄，出現的快速選單中才會有「隱藏」的功能；如果只選取部分儲存格，然後在其上按一下滑鼠右鍵，則不會出現【隱藏】選項。

2 現在可以看到 C 欄旁邊就是 E 欄，而 D 欄被隱藏起來了。

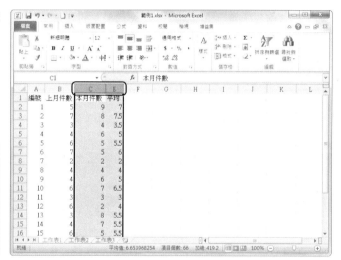

操作小撇步

想取消隱藏欄列的設定時，必須先將隱藏欄列旁邊的兩個欄列都選取起來（例如：要取消隱藏的是 B 欄，則選取 A、C 兩欄），然後在其上按一下滑鼠右鍵，接著點選快速選單中的【取消隱藏】，就可將原本隱藏的欄列顯示出來。

Trick 14 更改單一欄位寬度

很多時候，輸入的資料或文字會超出預設的欄寬，這個時候你就可以設定某一欄位的寬度。

先將滑鼠游標移到要更改寬度的欄位的右邊格線上，當滑鼠游標變成＋時，先按住滑鼠左鍵不放，接著按住滑鼠向右拖曳，當寬度達到你所要設定的數值後，再放開滑鼠左鍵即可。

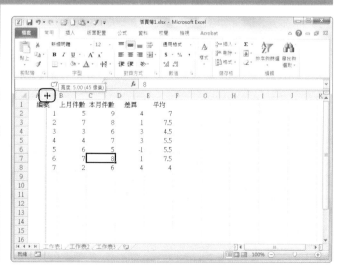

操作小撇步

必須將滑鼠游標移到最上方「A、B、C……」的儲存格上，才能更改欄寬，在一般的儲存格上是無法更改欄寬的。

Trick 15　同時更改多欄寬度

如果想要將多個欄位同時更改欄寬時，可以利用此技巧，要注意的是，這些欄位通常屬於同類資料！

1 先選取要更改欄寬的儲存格，然後在其上按一下滑鼠右鍵🖰，接著點選快速選單中的【欄寬】。

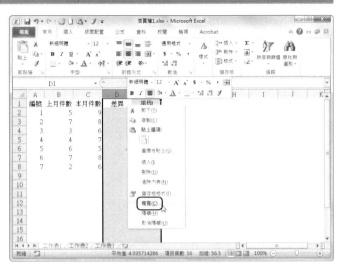

操作小撇步

這裡的單位與「字型大小」的點數單位（pixel）是一樣的，28 點大約是 1 公分。

2 「欄寬」對話框出現後，先在「欄寬」空白框中填入需要的欄寬，接著按下〔確定〕。之後就可以看到剛才所選取的欄寬已經改變了。

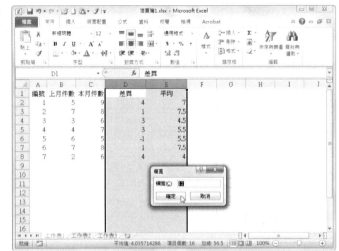

美化儲存格

單色的表格令人感到枯燥乏味，過於龐大的數字和資料對讀者來説讓人哈欠連連，其實如果善用美化儲存格的操作，不但利用顏色將表格資料重點分類，配上預設的美化字體，也可更清楚的説明主題喔！本篇將從基礎的顏色與框線使用技巧開始介紹，讓你輕鬆產出賣相佳、內容堅強的個人的亮麗報表！

Trick 01 替儲存格換上新妝

想強調特定資料、或是美化儲存格，讀者可以以更改儲存格顏色來達到這些目的。

先選取要更換顏色的儲存格，接著按下工具列「填滿色彩」🖌️▾旁的▾，在選單中選定想要的顏色，即可更改儲存格顏色。

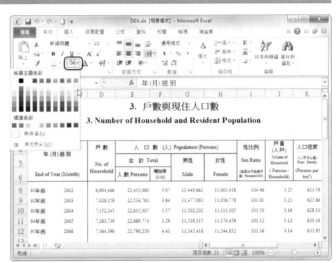

Trick 02 為儲存格加上框線

用框線來區隔各項資料，則可讓資料的表達上更加清楚些。

1 先選取要加框線的儲存格，接著在工具列「框線」⊞▾旁的▾上按一下滑鼠左鍵🖱️，在此例選擇將資料平均分割的「所有框線」⊞。

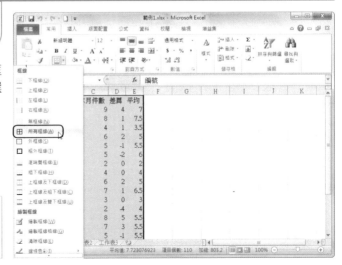

✍️ **操作小撇步**

我們還可以為資料表格的上框下框作個別加強，選取「框線」⊞▾選單中的「上框線及下框線」▤。

2 若要設計更複雜的框線的話，可以從「儲存格格式」作自訂的設定，先選取想要配置的範圍，在其上按一下滑鼠右鍵，並點選快速選單中的【儲存格格式】。

3 到「儲存格格式」對話框出現後，切換到〔外框〕活頁標籤，接著在「線條」的「樣式」方框中選取線條的樣式，接著在「框線」右下方的田上按一下滑鼠左鍵，表示要加上儲存格的右邊格線，若要在其他邊界加上框線則重複此步驟，設定完成後按下〔確定〕。

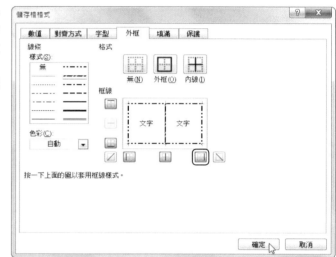

Trick 03 更換儲存格的背景圖樣

先選取要套用背景的儲存格，並對其上按一下滑鼠右鍵，點選快速選單中的【儲存格格式】，叫出設定對話框。

「儲存格格式」對話框出現後，先切換到〔填滿〕活頁標籤，接著按下「圖樣樣式」方框右邊的，再點選下拉選單中需要的背景樣式，最後按下〔確定〕即可。

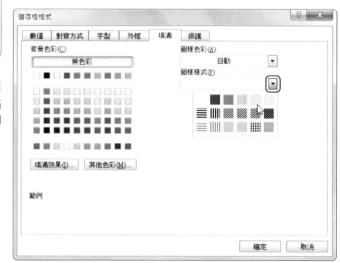

Trick 04 套用「自動格式」

新的 Excel 有更多美觀的表格，對於一般較制式化的工作表格，我們可以直接套用這些預設的設計表單，就不需再為儲存格一一填色了。

1 先選取要套用格式的儲存格，接著按下功能表上的〔常用〕索引標籤，再選擇【樣式】群組的【格式化為表格】，選擇一個喜歡的格式。

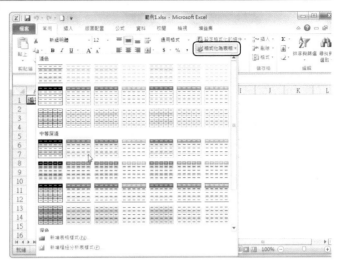

2 此刻會跳出「格式化為表格」對話框，以確定選取範圍是否正確。確定了之後，請按〔確定〕。如此我們可以看到套用完成的結果，此版本也會自動在「表單格式」中套用「篩選」功能，讓使用者能快速的檢索表格中的資料。

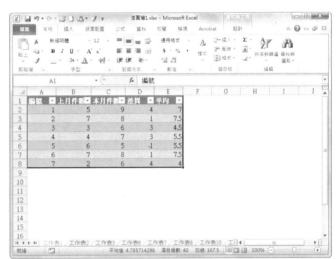

Trick 05 幫儲存格加上藝術文字

Excel 2010 在文字的設計上較前版更加的豐富，增加了如陰影以及 3D 等效果，學會了以下操作，則可輕輕鬆鬆編輯出一份美不勝收的試算表來。

1 在功能表的【插入】索引標籤中，選擇【文字藝術師】，先隨意選擇喜歡的字體。

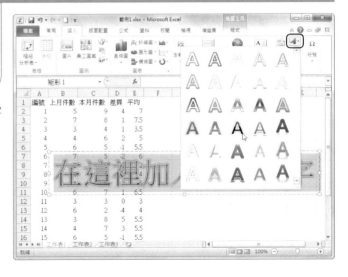

2 接著會出現「在這裡輸入文字」的文字方塊，我們可以在此方塊中直接輸入文字。

Trick 06 調整藝術文字的位置

利用「文字藝術師」插入的文字通常不會出現在適當的位置上，在此就需利用手動的方式將其移至適合的位置上。

先將滑鼠游標✛移到「文字藝術師」的文字上，當滑鼠游標變成 時，再按一下滑鼠左鍵，此時會出現八個圓形的調整點，然後按住滑鼠左鍵不放，將文字拖曳到要放置的位置上後，再放開滑鼠左鍵，接著在任意處上按一下滑鼠左鍵即可。

操作小撇步

必須確實地將滑鼠游標✛固定在文字上，如果放置於字與字之間的空白處，是無法移動文字的。

Trick 07 更改藝術文字的內容

套用「文字藝術師」後的文字，若要更改文字內容，並不需要砍掉重練，只需從原來的文字進行修改就可以囉！

要更改文字，僅需在文字方塊中點一下滑鼠左鍵，待直線游標出現，即可直接更改文字內文。

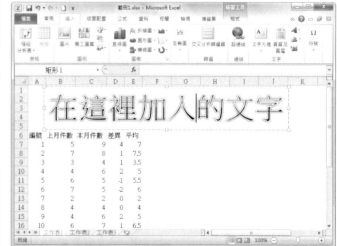

操作小撇步

也可以按下「字型」或「大小」的∨，再點選想要更改的字型及大小，或是按下「粗體」 **B** 或「斜體」 *I*，以設定文字的樣式。

Trick 08 改套其他圖庫的樣式

文字藝術師一旦套用之後，如果想改變成其他樣式，也不需要重做一遍，只要再套用喜歡的樣式就可以囉！

1 若要更換圖庫樣式的文字，先對與更改的文字按一下滑鼠左鍵，使其呈現被選取的狀態，再選擇「樣式」索引標籤中的「文字藝術師樣式」群組，裡面的「快速樣式」按鈕，即可選擇及預覽新樣式。

2 另外，也可以點選「文字效果」下拉選單，套用陰影、反射、光暈、浮凸、立體旋轉或轉換等效果。

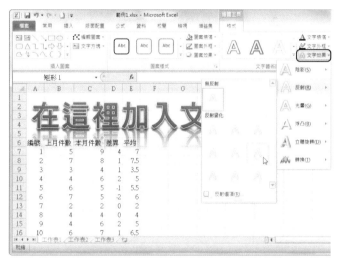

操作小撇步

做好的藝術文字，還是可以更換文字的顏色、大小等，首先點選要更換的文字，接著點選「格式」索引標籤中，文字藝術師樣式旁的 A ▾ 按鈕，游標移向任一顏色後，即可看到預覽的效果，如確定要套用就對該顏色按一下即可。

Trick 09 旋轉藝術文字

要達到旋轉藝術文字有許多方法，你可以依以下所教的方法選擇一個自己所喜歡的。

1 先選取藝術文字，切換至〔格式〕索引標籤，點選「旋轉」下拉選單中的【其他旋轉選項】。此時會出現「格式化圖案」對話框，切換至〔大小〕活頁標籤，然後在「旋轉」選項中設定希望資料旋轉的度數，設定時可以即時預覽旋轉的效果。

2 你也可以點一下「樣式」索引標籤中,「圖案樣式」群組旁的 回 後,會彈出「格式化圖案」對話框,選擇左欄中的「立體旋轉」,在右方「旋轉」分類中,改變 X 的度數值(水平角度),以及 Y 與 Z 的度數值(垂直及立體角度)。

操作小撇步

若僅是要作水平及垂直旋轉,則可選擇「格式」索引標籤中的 🔄 圖示,並在選單中選擇自己想要的翻轉方式(見右圖)。

Trick 10 調整藝術文字的間距

如果覺得預設文字藝術師的文字間距不是很滿意的話,可以再進行更細微的調整哦!

要調整文字間的間距的話,請點一下〔常用〕索引標籤中【字型】旁的 回,會出現「字型」對話框,接著我們在〔字元間距〕索引標籤中的「間距」選項選擇「加寬」(有標準/加寬/縮緊三個選項),如此即可快速變更字元間的間距。

Trick 11 更換成直排文字

如果因為空間的關係,要把藝術文字改成直排的方式,除了每個字按一個〔Enter〕鍵換行這個笨方法外,其實有更快的方式把文字變成直排哦!

選定要轉換成直排文字的儲存格,接著點一下〔常用〕索引標籤中,【對齊方式】旁的 🔽,從其選單中我們可以選定垂直文字的排列方法。更換成直排文字後,請自行調整文字到適當位置上即可。

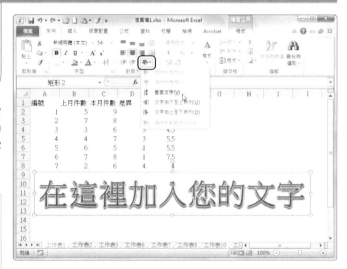

操作小撇步

在使用直排文字設定時,若遇有英文字母、數字或其他半形符號等,還是仍維持橫排的形式。如果要換回原來的橫向文字,再按一次「直排文字」 🔽 即可。

凍結與分割視窗

檢視 Excel 工作表時，使用者可利用「凍結視窗」將資料固定，以比對大量資料的類別，這功能在財務或會計經常會用到；而「分割視窗」也是個常用的功能，其可將某個範圍的資料凍結不動，並將其分割成二個或四個視窗，當工作表資料的龐大、欄目眾多，並要經常比對資料與工作表的頭、尾標籤名稱時，便可以使用到這個功能，下面的篇幅，會為各位讀者一一解釋其功能。

Trick 01 利用「移除重複」清理重複資料

對於重複的資料，一一以手動的方式進行刪除既不方便，而且又缺乏效率，耗費了大量的時間。Excel 2010 提供了「移除重複」，可以讓使用者勾選要過濾的欄位，就可以進行重複資料的移除工作，讓使用者移除重複資料的效率能夠大幅提升。

1 針對要移除重複資料的工作表，按下〔資料〕索引標籤，從功能表按下【移除重複】。出現「移除重複」對話框後，可以自行勾選要以那些欄目進行篩選，然後按下〔確定〕。

操作小撇步

在「移除重複」對話框，如果取消「我的資料有標題」檢查盒，會將原本的標題欄位視為資料的一部分，而且原本的「欄」選單上的標題名稱，會全部改為 A 欄、B 欄、C欄、D 欄…。

2 當資料篩選完畢後，會顯示目前移除了多少筆重複的資料，並保留了多少筆唯一的資料，若想回復之前未移除的資料，可按「快速存取工具列」的回復到上一步。

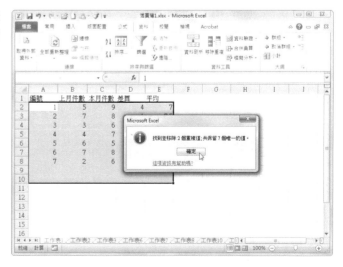

Trick 02 凍結窗格

如果工作表的編輯範圍很大，檢視不易，可以考慮使用「凍結窗格」功能，以特定欄列作為分界，就可以輕易地檢視大量資料畫面中的頁首和頁尾了。

1 先點選要凍結的窗格右下方儲存格，然後切換至〔檢視〕索引標籤，並在「視窗」分類內依序按下【凍結窗格】→【凍結窗格】。

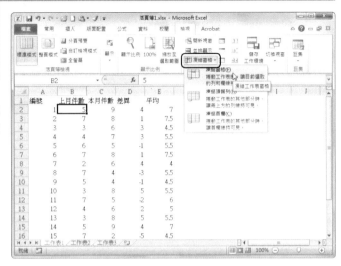

2 此時工作表會出現十字線，其中在剛才儲存格左上方為凍結窗格的範圍，不管怎麼移動水平捲軸或垂直捲軸，凍結窗格範圍的資料都不會受到影響。

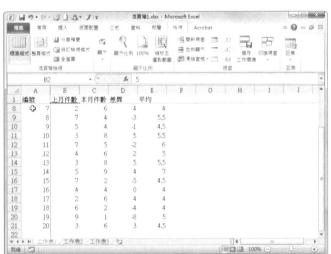

3 如果想要取消凍結窗格的的功能，只要在〔檢視〕索引標籤，按下【凍結窗格】→【取消凍結窗格】，工作表就會恢復正常。

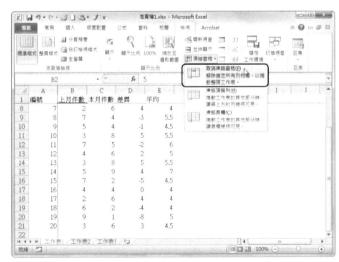

Trick 03 凍結工作表第一列

如果凍結了工作表的第一列，在移動垂直捲軸時，第一列的資料就不會受到影響。但設定方法略有點不同。

如果要凍結工作表的第一列，先按下〔檢視〕索引標籤，再選擇「視窗」分類中的【凍結窗格】→【凍結頂端列】。

操作小撇步

若想取消凍結第一列的功能，也是在〔檢視〕索引標籤，按下【凍結窗格】→【取消凍結窗格】，工作表就會恢復正常。

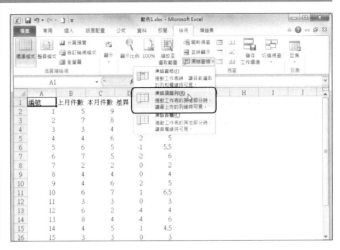

Trick 04 凍結第一欄

如果希望工作表的第一欄資料固定不動，這樣在移動水平捲軸時，第一欄的資料就不會跟著移動，可以依照下面方式設定。

如果要凍結工作表的第一欄資料固定不動，要先切換到〔檢視〕索引標籤，從功能表按下【凍結窗格】→【凍結首欄】。

操作小撇步

如果要取消凍結第一欄的功能，同樣在〔檢視〕索引標籤，按下【凍結窗格】→【取消凍結窗格】，工作表就能正常捲動。

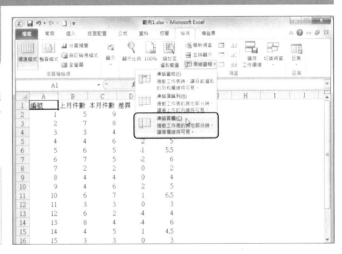

Trick 05 垂直分割視窗

如果編輯的工作表資料欄位很多，而且常常必須左右拖拉來能查詢到想要的資料，這時候利用 Excel 提供的「分割」功能，將工作表垂直分割成兩半，就不必再左右不停地挪動，一眼就可以看到分佈在工作表左右兩端的資料了。

例如要從 C 欄分割視窗，先點選 D 欄，然後按下〔檢視〕索引標籤，按下「視窗」群組的【分割】。同一個工作表就會分割成兩個垂直視窗。

操作小撇步

若要取消視窗分割，按下【分割】之後，再按下【分割】即可恢復。

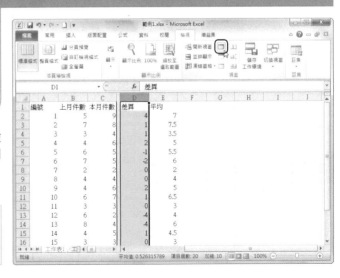

Trick 06 水平分割視窗

「水平分割視窗」功能與「垂直分割視窗」功能的作用很類似,如果資料欄位很多,而且需要經常地上下拖拉視窗才能檢視到上下兩端的資料,就可以改採「水平分割視窗」的方式。

1 例如要從第 11 列分割,先點選第 12 列,再按下〔檢視〕索引標籤,按下「視窗」群組的【分割】。

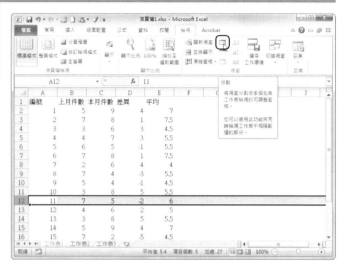

2 如此一來,工作表就會從第 11 列劃分成兩個水平視窗,兩個視窗都可以移動垂直捲軸來捲動資料,若要取消水平視窗切割,只要再按下【分割】即可。

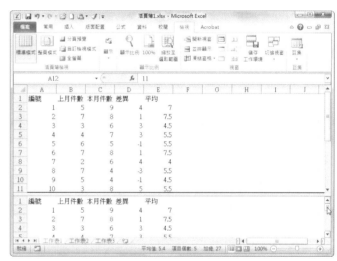

Trick 07 快速水平分割視窗

1 將滑鼠游標移到垂直捲動軸上方的 上,當滑鼠游標變成 形狀時,按住滑鼠左鍵不放,向下拖曳到要分割窗格的行或列,如下例:第 5 列,確定後,再放開滑鼠左鍵。

操作小撇步

同樣的,將滑鼠游標移到水平捲動軸右方的 上,就能將視窗分割成左右窗格;而左方的 則可用來加長或縮短捲軸軸。

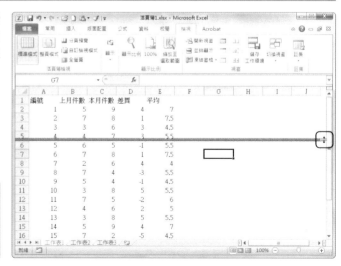

2 此份工作表就被分割成上下兩個窗格，當要移動哪個窗格的資料時，就捲動該窗格右側的垂直捲動軸即可。

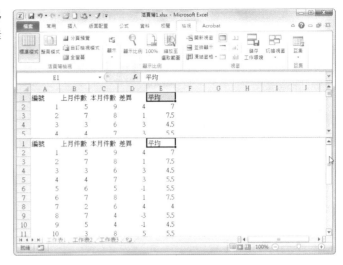

3 如果想要取消分割視窗，同樣可以將游標移到分割線上，當游標變成 ÷ 形狀時，按住滑鼠左鍵不放，向上拖曳到最上方即可取消。

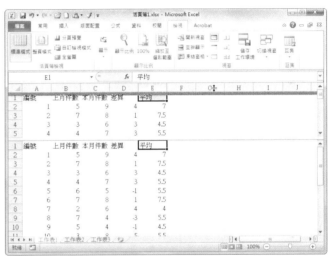

Trick 08 十字分割視窗

如果上兩個單元介紹過的將視窗分割成左右兩邊的「垂直分割視窗」，以及把視窗分割成上下兩半的「水平分割視窗」，還無法應付龐大工作表的檢視作業，就可以考慮採用本單元所示範的將畫面一分為四的「十字分割視窗」功能。

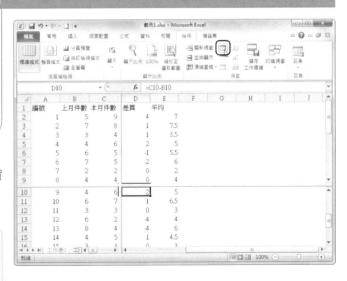

先點選要十字分割的右下方儲存格，切換到〔檢視〕索引標籤，按下「視窗」分類中的【分割】，此時視窗內的資料就會分割成四個窗格。

操作小撇步

要恢復成原始視窗，只要再按「視窗」群組的【分割】即可。

資料輸入與搬移

不論是製作工作表、或是日後對工作表的回溯修訂,都需要應用到基本的資料處理小技巧,學會這些簡單的技巧,不但可以以自動的方式來複製規律性的資料,也可以快速的搬移、查詢、取代、或加總資料,讓表格製作更加的得心應手,也更有效率喔!

Trick 01 快速互換相同欄列的資料

若要快速交換相鄰兩列的資料,我們僅需鍵盤上的 Shift 鍵以及滑鼠即可達到此功能囉,下面就帶讀者們看看!

1 先選取要交換資料的第一列,將滑鼠移到被選取資料的右緣,當滑鼠游標變成 ✛ 時,同時按住鍵盤上的 Shift 和滑鼠左鍵 🖱,再將資料拖曳到要互換列的右邊邊緣上,此時會出現一條垂直的線段。

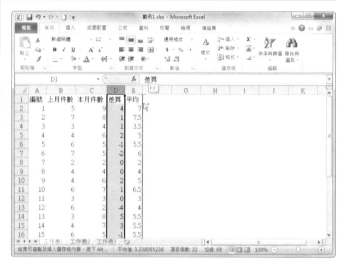

2 現在同時放開鍵盤上的 Shift 與滑鼠左鍵 🖱,這樣就完成兩處的資料交換動作了。

操作小撇步

必須將資料拖曳到「要置換的另一組儲存格」右邊的欄線上,才可正確的交換欄與欄之中的資料,否則會變成插入資料。

Trick 02 把列與欄的資料互相交換

「資料轉置」這個技巧，除了可以互調欄列的標題之外，也可互調其相對應的資料，若欄的資料過多不好檢索，可以利用「資料轉置」的技巧，讓版面配置更加一目了然。

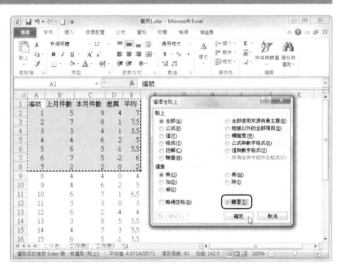

先選取要轉置的資料範圍欄位，再按一下〔常用〕索引標籤內的「複製」。接著選擇「轉置資料」所要起始的儲存格，並在上面按一下滑鼠右鍵，然後點選快速選單中的【選擇性貼上】。「選擇性貼上」對話框出現後，在「運算」區域內勾選「轉置」並按下〔確定〕按鈕，欄、列的資料就會成功地對調了。

Trick 03 利用「尋找」功能快速搜尋資料

當資料相當龐大時，可以利用搜尋的功能進行查詢的動作，而且可以彙整相同字元的資料，一筆一筆地往下查詢。

1 想要在工作表內進行查詢時，先按下〔Ctrl〕＋〔F〕快速鍵，開啟「尋找及取代」對話框，接著在「尋找目標」空白框內輸入所要尋找的字串，然後按下〔找下一個〕按鈕。

操作小撇步

若工作表中有被選取的儲存格，搜尋時自動以被選取的儲存格資料作關鍵字搜尋，因此必須先取消所有的選取動作，以免無法順利搜尋到需要的資料。

2 隨後就發現所搜尋到的第一筆資料，接著按下〔找下一個〕，繼續搜尋下一筆資料。搜尋完畢，按下左下角的〔關閉〕按鈕即可。

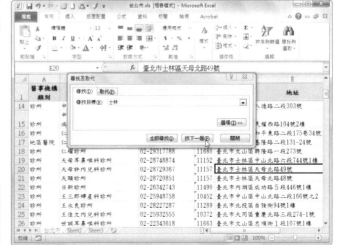

操作小撇步

搜尋結束後，請按下〔關閉〕，就可以關閉「尋找及取代」對話框。

Trick 04 完全取代相同的資料

如果一次要替換掉試算表中的特定字元，不需一個一個的去作修改，利用以下這個技巧，一次便能將所有相同的資料更改過來。

1 首先按下〔Ctrl〕＋〔H〕快速鍵叫出「尋找及取代」對話框。

2 在該對話框內的〔取代〕活頁標籤中，先在「尋找目標」空白框中輸入被替換的字元，接著在「取代成」空白框中輸入所要取代的字串，最後按下〔全部取代〕。

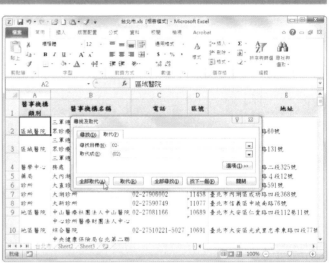

操作小撇步

除了可以以快捷鍵的方式開啟「尋找與取代」的對話框外，也可以從功能選單中的【常用】分頁標籤，裡面的【編輯】群組找到【尋找與取代】的按鈕。

3 當所有原先的字串都已被新的字串取代時，會出現告訴你總共改了幾筆資料的對話框，這時先按下〔確定〕就可回到「尋找及取代」對話框，按下〔關閉〕即可。

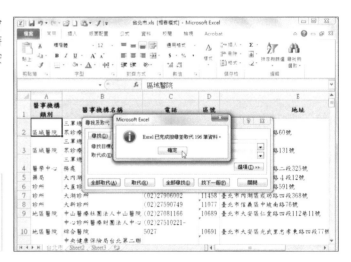

操作小撇步

搜尋動作的起點，是從被選取儲存格下方的資料開始搜尋，若無先選定起始搜尋的儲存格，則可能無法搜尋到資料。

Trick 05 選擇性地取代相同的資料

如果想對相同資料只進行部分的更改時，可以利用此技巧，也就是藉著一筆筆資料地比對、判斷，再決定要不要更改。

1 先按下〔Ctrl〕＋〔H〕快速鍵開啟「尋找與取代」對話框，並在「尋找目標」空白框中輸入要被取代的字串，接著在「取代成」空白框內鍵入想取代的字串，然後按下〔找下一個〕。

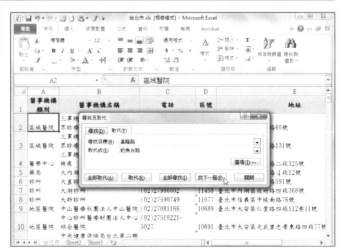

2 找到資料時，先檢視該資料是否要被取代，如果要更換，就按下〔取代〕，若找到的資料不是想取代的資料，按下〔找下一個〕即可跳過此筆資料，自動搜尋下一筆資料。

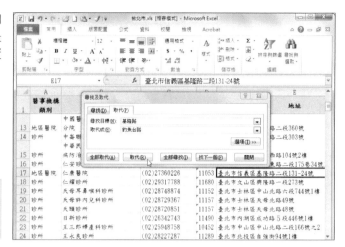

操作小撇步

完成搜尋，系統會跳出對話框自動提醒你，按下〔關閉〕，就可以關閉「尋找及取代」對話框。

Trick 06 在單一儲存格中強迫分行

如果儲存格內必須鍵入兩行以上的資料時，就必須使用強迫分行，來處理資料不符合欄寬大小的狀望。

如果儲存格中有設定自動換行，但希望能在適合的位置斷行，在此就可利用「強迫分行」的技巧。在想斷行處先按下鍵盤上的 Alt 不放，再按下 Enter，如此即可完成自動換行。

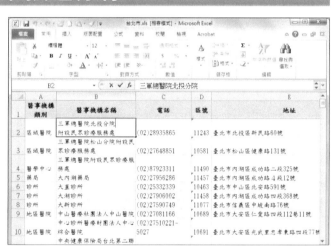

Trick 07 輸入分數資料

要輸入分數資料時，不管整數或分數，輸入後都要按下鍵盤上的「空白鍵」，否則 Excel 會視為日期資料。若為沒有整數的分數，也必須在整數部分輸入「0」，讓 Excel 知道這是分數資料而非日期資料。

在此例我們要輸入「$4\frac{1}{5}$」的分數資料，先輸入整數數字「4」（如果沒有整數部分，就請輸入「0」），接著按一下鍵盤上的「空白鍵」，再依序輸入分子「1」→「/」→分母「5」，按下 Enter，就完成 $4\frac{1}{5}$ 帶分數的輸入。

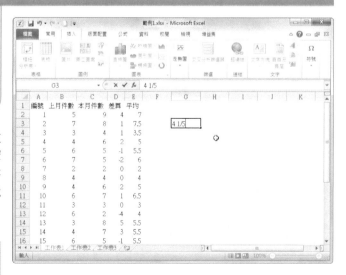

操作小撇步

對於分數的資料，只要對其用滑鼠左鍵點兩下，就會自動轉換成小數點囉！如本例的「$4\frac{1}{5}$」會自動轉換為「4.2」。

Trick 08 設定輸入資料為文字型式

當輸入電話號碼這類的資料時，將其以文字處理吧！因為 Excel 對於「數字 0」會自動將其忽略，或者可在其前方加上「'」，以提醒系統保留這些「0」。

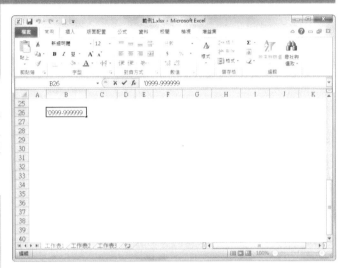

在儲存格上，輸入以 0 為開頭的數字資料前，必須先輸入「'」，再繼續輸入資料。輸入完畢後再按下鍵盤上的 Enter ，就可以讓 Excel 將輸入的資料當成是文字型態。但請放心，列印時數字前面並不會出現「'」符號。

操作小撇步

照以上方法輸入後，可將滑鼠游標移至儲存格左上方出現的綠色三角形 ▼ 上，並點選警告標示 ◇ ，再從下拉選單中點選想要的設定。

Trick 09 自動重複填滿多欄資料

要複製多列相同的資料時，我們只需用「拖曳」便可輕鬆達成此項任務，不需要一列列或一欄欄地慢慢複製。

1 先圈選要複製的資料，這時選取區域的右下角會出現 ■ 的圖示，將滑鼠游標移到此處，使滑鼠游標變成 ✚。

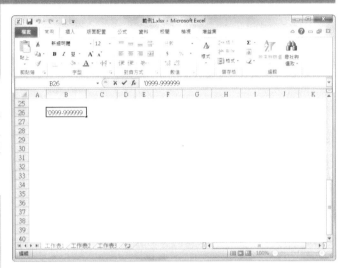

操作小撇步

儲存格下方的小黑色方塊 ■ 就稱之為「填滿控點」。

2 接著按住滑鼠左鍵不放，再往下拖曳到欲複製到的列後（如第 13 列），放開滑鼠左鍵，這樣資料就會自動複製填滿到我們想要的列上囉！

Trick 10　自動填滿單儲存格連續性資料

當輸入的資料是規律的文字或文字＋數字時，可以用拖曳滑鼠的方式，來完成儲存格的輸入；此技巧最常用於日期資料的輸入。

1 先在儲存格中輸入資料，接著選取該儲存格，將滑鼠游標移到選取範圍右下角的填滿控點上，此時游標會變成＋，接著按住滑鼠左鍵不放，向下拖曳到所要的儲存格上後，再放開滑鼠左鍵。

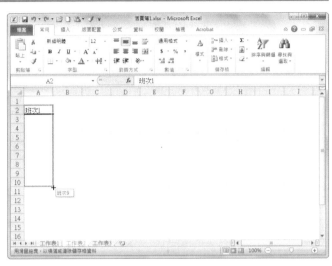

2 這樣就完成輸入數格有等差關係的儲存格了。

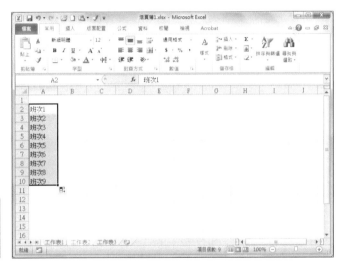

✍ **操作小撇步**

同樣也可以利用拖曳滑鼠的方式，在「列」中自動填入連續性資料。

Trick 11　利用滑鼠左鍵搭配 Shift 、 Ctrl 、 Alt 的複製效果

如果按下滑鼠左鍵，再搭配鍵盤上的 Shift 、 Ctrl 、 Alt ，會有什麼樣的複製功能呢？參考右表，你就會發現箇中奧妙。

功能鍵 ＼ 欄數	單欄或單列的拖曳	多欄或多列的拖曳
Shift	只會做範圍的選取，而不會複製資料值	只會做範圍的選取，而不會複製資料值
Ctrl	會做公差為 1 的等差級數資料複製	複製相同的資料
Alt	複製相同的資料	複製相同的資料

Trick 12　運用智慧標籤來自動填滿

利用「智慧標籤」，可以改變資料的連續規則，如從「規律」改為「複製」資料，達成既有文件的複製或修改。

1 在儲存格內填入資料，再利用上例的方法，通常會以等差為 1 的數列往下填滿選取的儲存格；但如果要填入的是複製的資料時，此時則按下儲存格右下角的「智慧標籤」旁的 ▼，再點選下拉選單中的「複製儲存格」。

2 原本以等差數列填入的資料，全部變更成複製第一個儲存格的資料了！

操作小撇步

在不同情況下出現的智慧標籤，其下拉選單中將會有不一樣的選項。

Trick 13　自動填滿規律性資料

上面所教的方法也可以自動排出想要的等差數列喔！先在相鄰的兩個儲存格輸入資料，讓 Excel 可以執行運算，再讓系統自動填入其他所需的資料。

要輸入不是等差 1 的其他等差資料，例如「3、6、9⋯⋯」時，先在相鄰的兩個儲存格中分別輸入數字「3」和「9」，然後選取這兩個儲存格。再用同樣的方式向下拖曳滑鼠，此時電腦便會算出它們的等差關係為 6，因此在做「自動填滿」功能時，便能正確地演算出等差 6 的數列。

操作小撇步

如果是純粹數字的數列，一定要先有兩個儲存格的資料再做拖曳；如果只拖曳一個儲存格的數字，則會產生複製的狀況，而不是等差數列。

Trick 14 利用「填滿」功能輸入規律性資料

我們也可以以「月」來作等差級數，這就要用到自訂的方式，來自動填滿數列。

1 先在儲存格上填入第一筆日期資料，並選取要被填滿數列的儲存格。切換至〔常用〕索引標籤，按下「編輯」分類中的【填滿】，在下拉選單中點選【數列】。

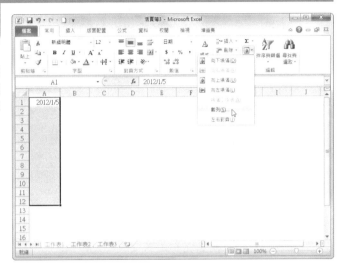

2 「數列」對話框出現後，先在「類型」方塊中點選「日期」，接著在「日期單位」方塊中點選要遞增的單位例如：「月」，最後按下〔確定〕即可。如此，我們就可以看到剛剛選取起來的儲存格，自動以「月」為等差的方式成為了一數列，之後就可以接續在各日期後的「欄」輸入對應的資料囉！

操作小撇步

在不同情況下出現的智慧標籤，其下拉選單中將會有不一樣的選項。

3 「自動填滿」清單裡「數列」對話框中各選項的意義如下表：

1. 數列資料取自

列	填滿列資料
欄	填滿欄資料

2. 類型

等差級數	以等差的方式填滿數列；預設的公差是 1，若要改變公差，請在下方的「間距值」空白框中輸入新的公差值。	加法的概念
等比級數	以等比的方式填滿數列；預設的公比是 1，若要改變公比，請在下方的「間距值」空白框中輸入新的公比值。	乘法的概念
日期	以日期的資料來填入儲存格，選擇此項時，右邊的「日期單位」會呈現可選取的狀態，請選取要變化的單位後，同樣在「間距值」空白框中輸入日期公差。	
自動填滿	當選取此項時，下方的「間距值」與「終止值」將無法作用。如果選取儲存格的範圍沒有公差值（只有單一筆的資料），則會「自動填滿」相同的資料；若是有公差值（有兩筆資料），則會以該公差值填滿數列。	

3. 預測趨勢

如果選取此項，則會以最小平方法或指數曲線演算法（$y=mx+b$，$y=b \cdot m^x$）來產生等差或等比數列，且會忽略間距值。

4. 間距值與終止值

間距值	填入數列時的間距值；可用於數字資料與日期資料上。
終止值	數列結束時的資料值；此值可用來控制資料的長度，而不必為選擇多少儲存格傷腦筋。

Trick 15 使用「自動加總」

處理像是成績單、出貨單等牽涉到數字的資料，可以利用「自動加總」$\boxed{\Sigma \cdot}$ 完成快速的資料加總，這也是 Excel 最基本也最常用的統計需求了！

1 先選取要計算「自動加總」結果的儲存格，接著在工具列的「自動加總」$\boxed{\Sigma \cdot}$ 上按一下滑鼠左鍵，做加總的動作。

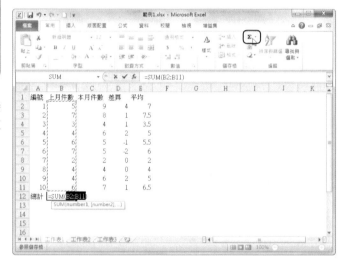

2 這時在儲存格 B12 上就會出現「＝SUM（B2：B11）」的文字，而儲存格 B2 到 B11 會被一閃一閃的虛線框起來，表示要將 B2 到 B11 的數字加總起來，先在工具列的「輸入」☑ 上按一下滑鼠左鍵。

操作小撇步

如果按下 ✗ 則會取消此動作，預設值會以選取的儲存格以上的所有欄（或列）內的數字做總和公式的運算，若選取的不是需要的範圍，則必須自己調整。

③ 這時電腦就會計算儲存格 B2 到 B11 的總和，結果會直接統計於儲存格 B12 上。接著將滑鼠游標 移到儲存格 B12 右下角的填滿控點 上，當滑鼠游標變成 ＋ 時，接著按住滑鼠左鍵不放，再向右拖曳最後一個所需加總的儲存格後，最後放開滑鼠左鍵 ，就可以複製此公式到其他的儲存格。

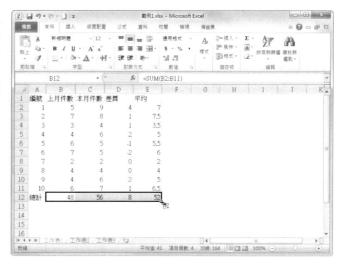

Trick 16　使用「自動計算」功能

要檢視選定範圍常用的統計資料，如加總、平均、最大，及最小值等；僅需將資料圈選，系統則會自動將這些常用資料做出統計。

將要做計算的儲存格數字選取起來後，就可以看到 Excel 視窗最下方的狀態列上，出現出現平均值、項目個數及加總等數值，如此不需另外計算，就可得知這些常用的計算結果。

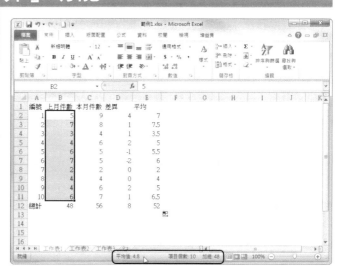

Trick 17　使用「自動完成」來快速輸入文字

如果在輸入時，遇到重複的文字時，就可藉助「自動完成」來節省輸入的手續。此技巧通常用於輸入重複性高且文字較長的工作表中。

① 在要輸入文字的儲存格上按一下滑鼠右鍵 ，再點選快速選單中的【從下拉式清單挑選】。

2 點一下該儲存格，此時會出現下拉式選單，並顯示該欄其他儲存格的內容，從選單中選取想要重複輸入的內容。被選擇的內容即會自動填入新的儲存格中，不需要重複進行輸入的動作。

Trick 18　移除 Excel 所有超連結

如果使用包含大量超連結的檔案時，常會遇到在 Excel 儲存格中一不小心就「連出去」的問題，但是移除超連結的功能，每次又只能一步一步龜速進行，現在利用特殊的方法，就可以讓所有煩人的超連結一次全部清除。

1 開啟一份包含超連結的檔案，按〔Ctrl〕＋〔A〕鍵，選取工作表全部範圍。

2 在上面按一下滑鼠右鍵，然後點選快速選單中的【移除超連結】，即可快速將工作表中的所有超連結全部移除。

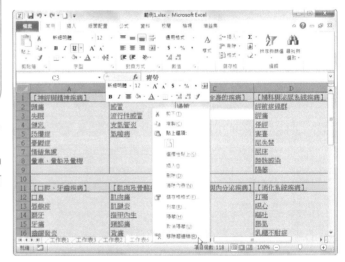

Trick 19　Excel 製作超好用下拉選單

在製作一些大型的制式表格時，我們常常會需要在某些特定的項目欄裡輸入固定重複的資料，例如性別的「男」與「女」；參與意願的「是」或「否」……等。如果能將這些經常看到的資料，製作成隱形的下拉選單，當我們要輸入該儲存格的資料時，只要用點選的即可完成，既省時又不用擔心輸入錯誤，這樣不管是在自己填資料，或是製作問卷給別人都超好用喔！

1 首先選取需要的項目欄，然後按下功能表上的【資料】索引標籤，選擇「資料工具」群組中的「資料驗證」。

2 進入「資料驗證」對話盒後，先切換到〔設定〕活頁標籤，在「儲存格內允許」的下拉選單中選擇「清單」後，然後在「來源」填上要放入選單的項目，中間 用英文的逗號「,」分隔開。

3 接著切換到〔提示訊息〕活頁標籤，在「提示訊息」的方格中輸入要顯示下拉選單的訊息文字，如「選擇學歷」，再按下〔確定〕。

4 現在當我們在「學歷」欄要輸入資料時，只要在儲存格旁邊的三角標誌按鈕按一下滑鼠左鍵。就可以看見下拉選單展開，裡面就會有剛剛設定的項目，讓我們直接點選了。

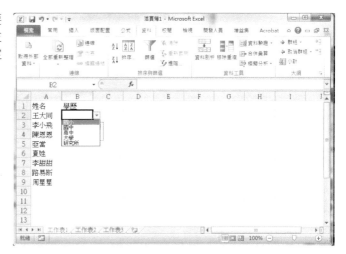

CHAPTER

插入各式統計圖

一張圖勝過千言萬語！以圖表說明所有資料，不外是資料最好的呈現方法，顯而易見的呈現各種數值，並且清楚比較不同數據。Excel 對於統計圖表的處理，內建了各種預設的圖表，可將繁複的數字資料，輕鬆快速地轉換成各種美輪美奐的圖表，從常見的直條圖、橫條圖、折線圖、圓形圖、特殊領域需要的 XY 散佈圖、股票圖、區域圖、曲面圖、雷達圖，泡泡圖等共有 11 大類、73 種的圖表類型，絕對可以滿足你各式各樣的需求！因此本單元將讓你快速地了解製圖相關技巧，輕鬆處理任何的圖表應用需求！

Trick 01 插入統計圖

你可以將 Excel 的資料值轉換成統計圖表，而利用圖表來表現，能更清楚地呈現資料的統計狀況。

1 選取要製成統計圖的資料範圍，選取功能表〔插入〕索引標籤的【圖表】分類，在此可以看到許多的圖表類型，如果想一次先預覽各圖表的圖案，請按【圖表】分類旁的 回 按鈕。此刻就會跳出「插入圖表」對話框，在此選取一個自己喜歡的圖表樣式。

2 如此，所選取的範圍就會自動轉換成圖表，並插入在此工作表內。

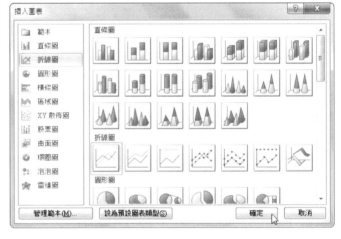

操作小撇步

如果你已經確定好要選什麼圖形了，選取〔插入〕索引標籤的【圖表】分類的任一按鈕，再從下面的選單選取想要的圖形。

Trick 02 使用預設的圖表版面配置

Excel 2010 最大的特點，即為新增更多的圖表配置，若想要直接套用此內建格式至圖表的話，請先點選圖表後，選擇功能表〔設計〕索引標籤中，【圖表版面配置】分類的【快速版面配置】按鈕，將游標移至下拉選單上任一版型，圖表即會預覽套用此版型的效果。

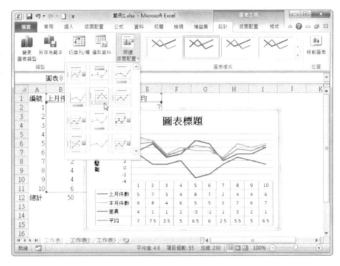

Trick 03 設定圖表選項裡的格線

格線的設定包含格線的間格，間格的設定如以「單位」、「類別」、「主格線」及「次格線」等條件區分，你可以利用「座標軸格式」或者從「格線」按鈕來調整格線。

1 點選圖表後，在「圖表工具」的〔版面配置〕活頁標籤中，點選〔格線〕，即可從下拉選單中選擇要顯示的格線類型。

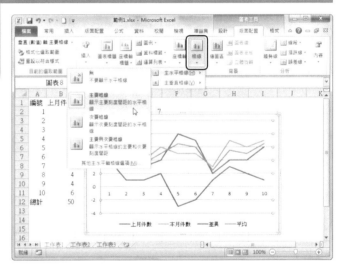

2 若點選【其他主水平軸格線選項】，可以在「主要格線格式」中調整格線的「線條色彩」、「線條樣式」、「陰影」及「光暈及柔邊」等細項。

操作小撇步

你也可以在格線按一下滑鼠右鍵，選擇選單中的「新增次要格線」，表格則會自動新增次格線，讓間格刻度讓數字更加的清楚。

Trick 04 設定圖表的標題

表格上「圖表標題」的文字方塊即為預設的標題列，你可以在裡面直接輸入想要的標題，或者是以複製標題儲存格的方式，將文字複製到該文字方塊內。

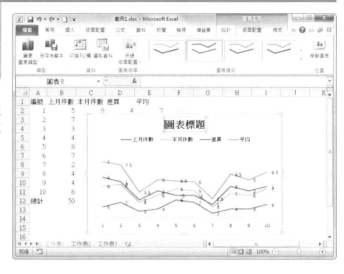

點選預設的「圖表標題」文字方塊，然後直接輸入想要的標題，輸入完畢按下〔Enter〕按鍵即可更換成真正的圖表標題。

Trick 05 設定圖表選項裡的資料標籤

若圖表的座標軸無法清楚的標示數字資料，我們可以以加入〔資料標籤〕的方式來點名資料，〔資料標籤〕主要是將「數列名稱」、「類別名稱」，和「內容」包含在圖表之中，同時達到圖文相輔相成的顯示結果。

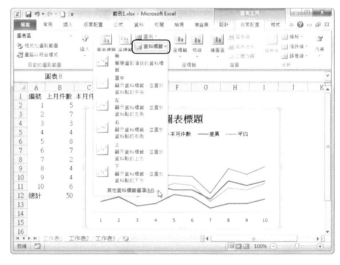

1 請先點選圖表後，選擇功能表〔版面配置〕索引標籤中，【標籤】分類的【資料標籤】按鈕，從其選單中可以看到有幾種標明資料的選擇（無／置中／左／右／上／下），在此也可以選擇【其他資料標籤選項】，則可以作更多的細節設定。

2 選擇【其他資料標籤選項】後，則會出現「資料標籤格式」對話框，先選擇「標籤選項」分頁標籤，在一旁的「標籤」選項當中，可以選擇標籤是否要包含「數列名稱」、「類別名稱」，接著可以選擇「標籤位置」，也就是選擇這些標籤資料在圖表中置放的位置。

Trick 06 圖表加入原表格

我們可以合併圖表以及原表格，如此數字以及圖片兩相對照，對於看資料的人來說，不管他的習慣是看表格或是看圖表來作分析，讀起來一目了然。

請先點選圖表後，選擇功能表〔版面配置〕索引標籤中，【標籤】分類的【資料表】按鈕，從其選單中，選擇【使用圖例符號來顯示資料表】。

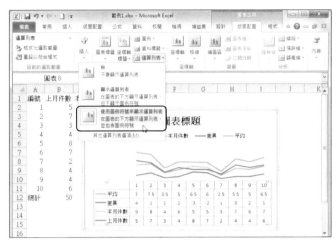

Trick 07 更改統計圖的圖表類型

要改變圖表類型按先選取該圖表，再點選〔插入〕→【圖表】分類中想要的圖形。

你也可以在點選圖表後，選擇功能表〔設計〕索引標籤中，【類型】分類的【變更圖表類型】按鈕，待「變更圖表類型」對話框跳出後，即可一次預覽所有的圖表版型。

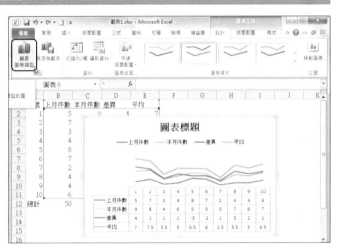

Trick 08 更改或增刪統計圖的來源資料

如果需要增加或刪除用來製作統計圖表的數據資料，我們不必重新製作圖表，只要跟著以下的步驟做就對了！

1 點選圖表後，選擇功能表〔設計〕索引標籤中，【資料】分類的【選取資料】按鈕，待「選取資料來源」對話框出現後，可在「圖例項目」看到圖表中顯示的各資料名稱，對於想刪除的資料，請對其點一下，再按下〔移除〕按鈕，好了之後按〔確定〕。

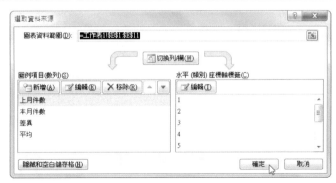

操作小撇步

由於此對話框中只有「圖例項目」窗框中的項目可以刪除，如果想要刪除「水平類別窗」框的選項，先按一下〔切換列／欄〕的按鈕，將此項目切換到「圖例項目」窗框後，再按〔移除〕按鈕將其刪除。

2 如此，剛剛被指定刪除的部分即在此圖表被刪除了，其對應儲存格的數據皆不會在此圖表出現。

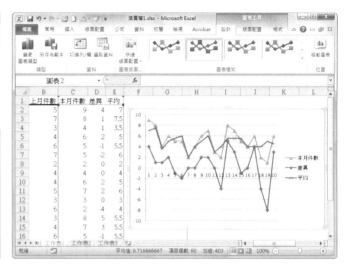

操作小撇步

你也可以將特定新增欄列資料新增到表格中，只要在「選取資料來源」對話框的「圖例項目」選擇〔新增〕，則會跳出「編輯數列」對話框，按一下其中的 按鈕，即可可以選取儲存格範圍，選取完成後，再按一次 按鈕即可回到「選取資料來源」對話框，按上面教過的步驟接著操作完成即可。

Trick 09 更改圖例的文字

如果想要更清楚地表達出各個圖示的意義，或想使用較正式的名稱來顯示圖例的意思時，可在已製作好的統計圖表中更改圖例的文字。

1 點選圖表後，選擇功能表〔設計〕索引標籤中，【資料】分類的【選取資料】按鈕，待「選取資料來源」對話框出現後，點一下「圖例項目」下的〔編輯〕按鈕。

2 此刻會跳出「編輯數列」對話框，在「數列名稱」的空白列輸入想為資料命名的名稱，接著按下〔確定〕按鈕，回到「選取資料來源」對話框。

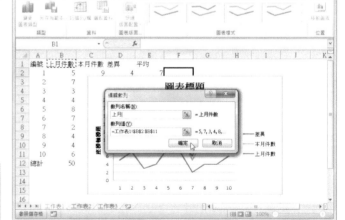

操作小撇步

也可以在完成輸入名稱，直接按下鍵盤上的 Enter ，也會完成圖例文字的更改。

3 回到主畫面，即可看到統計圖表中原來的圖例文字，已更改為新的圖例文字了。

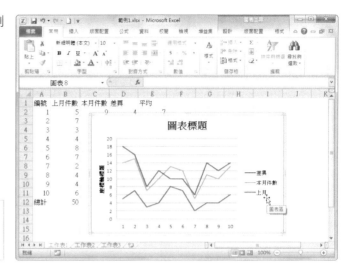

操作小撇步

雖然改變了圖表中的文字，但工作表中的文字並不會隨之改變。

Trick 10　更改座標軸的間距

在圖表中要更換的座標軸「Y 軸」數字間距上按一下滑鼠右鍵，再點選快速選單中的【座標軸格式】，開啟「座標軸格式」對話框。

選擇〔座標軸選項〕分頁標籤，在左方的窗框中，即可在「座標軸選項」選擇「主要刻度間距」或「次要刻度間距」刻度間距，點選「對數刻度」，即可輸入「基底」，如此系統就會根據資料的大小，自動調整線段的長度，達到資料最容易被辨識的範圍。

操作小撇步

在此對話框中，除了更改座標軸的間距外，也可更改座標軸的「粗細」、「字體與字型」等等。

Trick 11　設定統計圖的背景

統計圖表的背景預設為白底，如果想要做一點不一樣的變化，Excel 也允許使用者自訂，可以改變顏色或是配上材質等等花樣。

點選要更換背景的圖表後，切換至〔版面配置〕索引標籤，按下「目前的選取範圍」分類中的【格式化選取範圍】。「圖表區格式」對話框出現後，選擇左方窗框的〔填滿〕分頁標籤，在右方的「填滿」類別下，可選擇「實心填滿」、「漸層填滿」、或以「圖片材質」來作填滿。

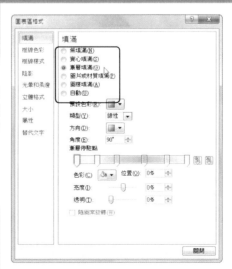

操作小撇步

透過此對話框的其他分頁標籤，你可以設定圖片樣式的格式、樣式、及陰影等。

Trick 12　改變圖表區的大小

如果製作出來的報表太小或太大，在列印時就要放大或縮小圖表區，使其可以容納在列印的紙張內。

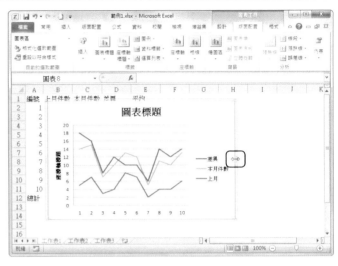

1 先在要更改圖表區大小的圖表上按一下滑鼠左鍵，接著將滑鼠游標移到圖表右邊框線的邊緣上，此時滑鼠游標會變成箭頭 ↔，然後按住滑鼠左鍵不放，再向左拖曳，就可以縮小圖表。

2 使用者也可以在點圖表後，選選擇功能表〔格式〕索引標籤中，【大小】分類索引旁的 按鈕，待「大小與內容」對話框出現後，再於〔大小〕分頁標籤的「大小及旋轉」選項改變圖表的寬與高。

操作小撇步

如果是將滑鼠游標移到圖表右上角的 ■，滑鼠游標會變成 形狀，可以向右上或左下，以放大或縮小圖表。

Trick 13　在統計圖表上加入趨勢線

在統計圖表中也可以加入趨勢的預測曲線，通常是在做產量或銷售的預測，以便看看未來的走勢。

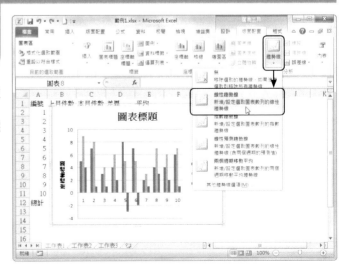

1 在要加上預測趨勢曲線的圖表上按一下滑鼠左鍵，選擇功能表〔版面配置〕索引標籤中，【分析】分類的【趨勢圖】按鈕，待選單出現，選擇其中一個選項，在此例所選擇的為【線性趨勢線】。

2 此刻「加上趨勢線」對話框出現後，選取所要
套用的趨勢線的項目，接著按下〔確定〕，回到
主視窗。

3 此時可以看到在統計圖中，已經加入線性的預
測趨勢線。

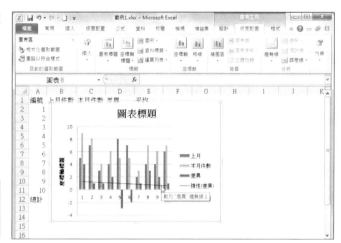

操作小撇步

在圖表裡的趨勢線上按下滑鼠右鍵後，可以在出現的
快速選單中選擇【清除】，來刪除此趨勢線。

Trick 14　快速插入統計圖

在 Excel 中也可以利用快速鍵插入統計圖，通
常用於需要快速製作，或是製作簡易的統計
圖，不需要詳細設定圖表內容時。

1 先選取要製作統計圖表的儲存格資料，接著按
下鍵盤上的 F11，就會開啟一個新的工作表，並
在該工作表上插入統計圖。

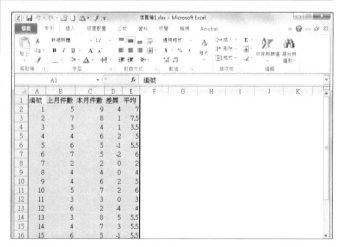

2 在新的圖表當中，插入一張以剛剛選取的資料
為依據，所製作出來的統計圖表。

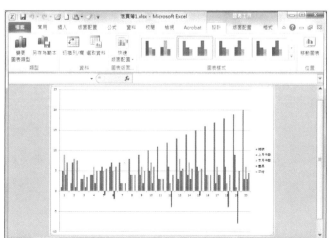

操作小撇步

由於此圖表會自動新增到「Chart1」的新表單，要查詢原
表單的話，請切換工作表列的選單。

Trick 15 快速選取圖表中的資料數列

當圖表中的資料數列密集，不容易區分出來時，可以利用快速選取圖表中某一資料或元件，清楚地檢視該數列的統計圖表。

在統計圖中要選取的資料數列上按一下滑鼠左鍵🖱️，馬上就可以將對應的所有儲存格數列標示出來！

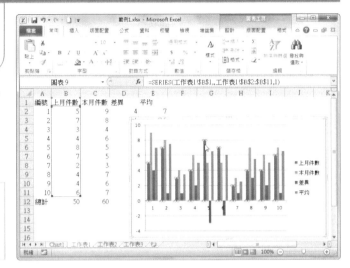

操作小撇步

圖表裡不僅可以標示資料數列，只要將滑鼠游標🖱️指向圖表中的任一元件，例如圖示、繪圖區等，再按一下滑鼠左鍵🖱️，就可選取該元件。

Trick 16 互換 XY 座標列

若要互換 X、Y 軸的資料，可以利用「切換列 / 欄」的功能達到目的。改變原先列與欄的排列；通常用於檢視變數改變後，圖表資料能否產生顯著的變化。

① 先點選圖表後，點選功能表〔設計〕索引標籤中，【資料】分類的【切換列 / 欄】按鈕，即可立即切換 X 與 Y 軸的資料。

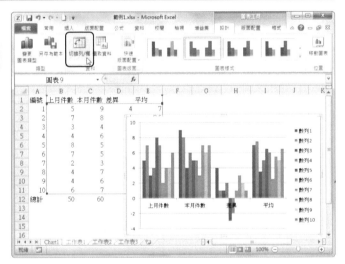

② 點選圖表後，點選功能表〔設計〕索引標籤中，【資料】分類的【選取資料】按鈕，待「選取資料來源」對話框出現後，選擇〔切換列 / 欄〕按鈕，則可看到下面分屬兩個窗框的資料項目互換，按〔確定〕後，即可看圖表已切換 X 與 Y 軸的資料。

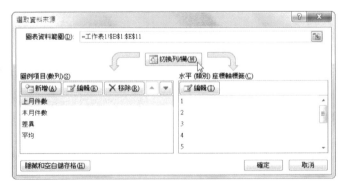

Trick 17 改變座標軸的相交位置

改變座標軸 X 軸、Y 軸的相交位置，可讓資料以某個數據為分野，做出資料的區分。

1 在圖表內 X 軸座標軸上按一下滑鼠右鍵，點選快速選單中的【座標軸格式】，準備改變座標軸的格式。

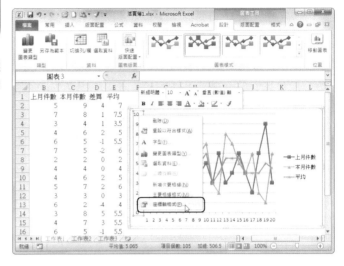

2 「座標軸格式」對話框出現後，先切換到〔座標軸選項〕分頁標籤，勾選「水平線交叉於」類別的「座標軸數值」選項，並在其後方的空格填入要相交的刻度，此時也可在圖表看到預覽結果，好了之後最後按下〔確定〕，如此便改變了座標軸的相交位置。

Trick 18 在工作表中插入圖案

當你在編輯工作表時，可以插入一些特殊的幾何圖形美化工作表。

1 依序點選〔插入〕索引標籤→【圖例】群組中的【圖案】按鈕，接著在展開的下拉選單中，選擇一個圖案。

操作小撇步

你也可以依序點選〔插入〕索引標籤→【圖例】群組中的【美工圖案】按鈕，加入美工圖案。

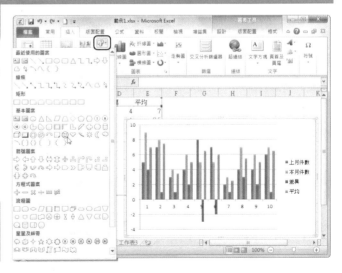

2 接著將游標移動至圖形上，按住滑鼠左鍵，然後拖曳調整圖案大小。圖形設定完後按一下滑鼠右鍵，在快速選單中點選【編輯文字】，即可在圖案中輸入文字。

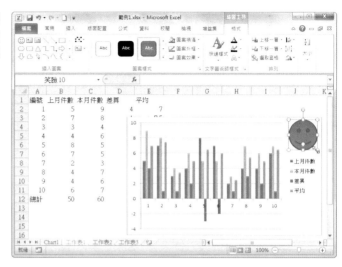

Trick 19　用 SmartArt 圖形繪製循環圖

在 Excel 2010 中新增的 SmartArt 圖形功能，內建有七大類的圖形，例如階層圖、關聯圖、循環圖等，利用 Excel 2010，你可以輕鬆在表單旁加上流程圖作註明，結合簡報的效果製作精美的提案或報告。

1 點選〔插入〕索引標籤→「圖例」群組中的「SmartArt」按鈕，開啟「選擇 SmartArt 圖形」對話框後，選擇喜歡的圖形之後，按下〔確定〕。

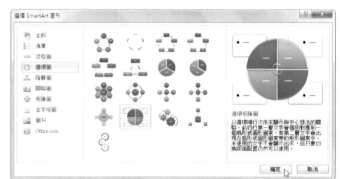

2 接著在工作表拖，拉出此圖形所在的範圍，並在「在此鍵入文字」的功能視窗中，逐項鍵入和表格相關的重點文字，並可利用上方的〔設計〕分頁標籤的工具列上的功能按鈕，改變其版位或是色彩。

操作小撇步

在「在此鍵入文字」的功能視窗中特定階層選項下點一下，即可新增該階層另一條空白文字框，並在其中輸入流程圖的新增條目。

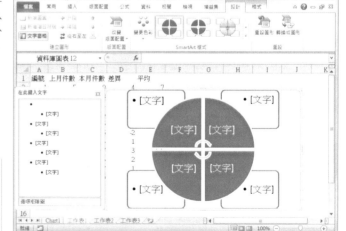

Trick 20 拼湊活用，Excel 也能繪製甘特圖

甘特圖（Gantt chart）是專案管理與計畫及排程中，不可或缺的重要圖表。市面上有專業的甘特圖繪製軟體，不過如果你的要求不多，用 Excel 也不錯。雖然 Excel 沒有內建的甘特圖樣式，但它可以搭配資料數據，結合疊橫條圖或增益集的方式來達成需求，如果不想另外安裝軟體時，Excel 也是不錯的選擇喔！

1 首先，選取「A1 到 B9」的資料範圍。到【插入】→【橫條圖】中，選擇相似於甘特圖的【立體堆疊橫條圖】圖形。

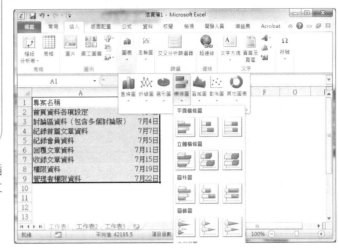

2 接著調整圖表的大小與位置，並以拖曳儲存格的方式，拖曳「B9」右下角的藍色控制點，拉到「C9」儲存格，以讓圖表範圍擴大到「A1:C9」。

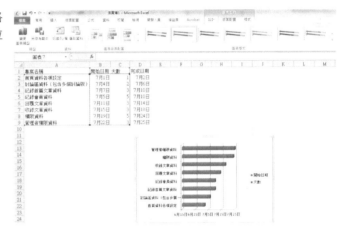

3 點選圖表上以「開始天數」為主的任意藍色橫條圖，到【圖表工具 / 格式】索引標籤，按最左方的【格式化選取範圍】按鈕，在出現的視窗中點選〔填滿〕標籤，設定為無填滿。

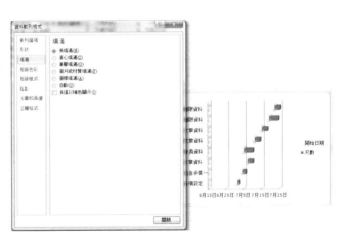

4 現在,點選圖表區域中的紅色橫條圖,再用滑鼠右鍵選擇【新增資料標籤】,以讓橫條圖中出現數字。接著在選擇日期標籤,到【圖表工具 / 格式】索引標籤,選擇最左方的【格式化選取範圍】按鈕,從〔數值〕標籤中挑選僅選擇「日、月」的資料呈現類型。

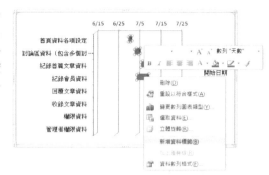

5 接著在選擇日期標籤,到【圖表工具 / 格式】索引標籤,選擇最左方的【格式化選取範圍】按鈕,從〔數值〕標籤中挑選僅選擇「日、月」的資料呈現類型。

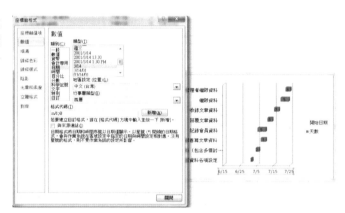

6 最後點選垂直軸任意項目,再到【圖表工具 / 格式】索引標籤,選擇最左方的【格式化選取範圍】按鈕,從〔座標軸選項〕標籤,勾選「類別次序翻轉」讓項目的呈現順序由上而下排序。

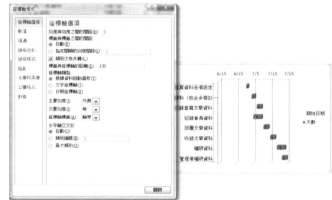

10 訂定與顯示公式

透過 Excel 2010，你可以藉由自訂公式，並且以選擇性複製公式的方式，輕鬆演算出試算表其他所需數據，承襲前版的追蹤功能，使用者在下載其他的試算表後，也可以藉由評估值及追蹤的功能瞭解其背後公式的組成。自訂公式的功能不但可以幫助你處理基本的表單演算作業，瞭解公式及相關儲存格數值的檢視方法，也有助於日後對公式及儲存格資料的修正、回溯等。

Trick 01 插入自訂的公式

利用滑鼠游標點選要運算的儲存格，再加上輸入的加減乘除等符號，即可以輕鬆的完成簡單的四則運算囉！

1 先選取要顯示結果儲存格，接著鍵入「＝」，再將滑鼠游標移到儲存格上後按一下滑鼠左鍵，儲存格上就會出現剛剛選取的儲存格名稱。

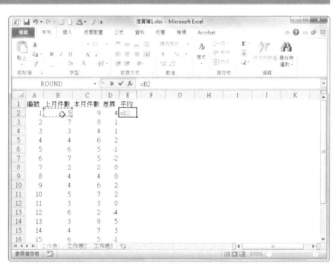

2 接著鍵入公式內容，再點選要運算的其他儲存格。

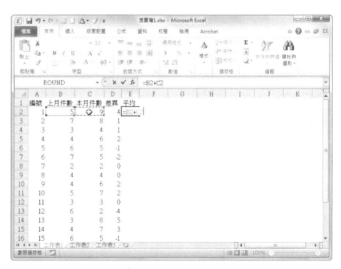

3 若公式還要運算其他儲存格內容,則重複上述步驟,完成自訂公式的輸入後,接著按下鍵盤上的 Enter ,Excel 就會自動運算出答案。

操作小撇步

一般而言,Excel 的公式形式和平時所使用的數學公式概念相同,也就是依循先乘除,後加減等各種運算順序。

4 現在將滑鼠游標 ✛ 移到儲存格右下角的「填滿控點」▪▪ 上,等到游標變成 ✚ 後,按住滑鼠左鍵不放,再向下拖曳到儲存格,公式就會被複製到每一個儲存格上,並自動演算出相對應該列數值的答案。

操作小撇步

假設你的表格套用過 Excel 內建表格格式,以公式算出該欄其中一個儲存格的數值的話,其他該欄的儲存格也會自動的套用該公式,相當的方便!

Trick 02 監看公式的內容

「監看公式」功能,可以讓你監看數值背後的公式,只要將公式所在的儲存格,加入監看視窗,隨時監看公式內容的變化,對於解決試算表除錯,將有莫大的助益。

1 按下〔公式〕索引標籤,然後點選「公式稽核」分類中的【監看視窗】。

2 出現「監看視窗」對話框後，按下【新增監看式】。

3 接下來點選要監看公式所在的儲存格位置。例如有個計算分數總分的公式在儲存格，在「新增監看式」對話框點選儲存格，然後按下〔新增〕按鈕。完成之後，就可以看到「監看視窗」顯示公式所在的儲存格位置、內容、公式計算方式。

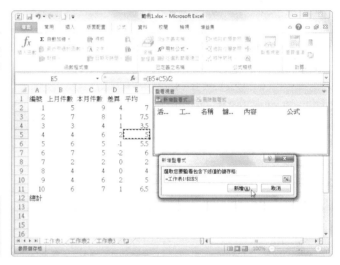

> **操作小撇步**
>
> 如想要刪除要監看的公式，只要點選要刪除的監看式，然後按下【刪除監看式】即可。

Trick 03　顯示運算公式

在較複雜的公式運算中，可能在公式之間又運用了含有公式的儲存格，這時可以將所有的公式運算方法顯示出來，以方便查詢或核對儲存格與公式的關係。

1 點選〔公式〕索引標籤，在【公式稽核】的群組分類按一下【顯示公式】 按鈕。

2 現在，可以看到原本只顯示出公式計算結果（數值）的儲存格，現在都以公式表示出來，同時公式中的儲存格位址和所對應的儲存格會以同一顏色標示，以方便查詢核對。

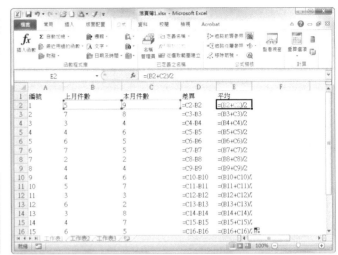

操作小撇步

這裡會將全部有公式運算的儲存格都以公式的形式顯現出來，而無法只呈現單一儲存格的公式。若要取消顯示公式，則再點一下【顯示公式】🔲 按鈕即可。

Trick 04 公式稽核群組

〔公式〕索引標籤內的「公式稽核」群組的前身即為「公式稽核工具列」，對於錯誤運算數值後的公式，提供了追蹤與校正錯誤的功能，也對使用者提出適當修正的提醒。

「公式稽核」群組處於〔公式〕索引標籤內，功能為顯示公式，以及進行公式稽核及追蹤錯誤等，在後面會一一介紹這些功能。

操作小撇步

我們將在下面的篇幅中，再分別説明「公式稽核」工具列上各個按鈕的意義和功能。

Trick 05 追蹤公式錯誤

當儲存格中出現錯誤代碼時，就可利用「公式稽核」工具列的「追蹤錯誤」功能，查核公式中所參照的儲存格流向，以便找出錯誤之處。

1 請先選取出現錯誤代碼「#REF!」的儲存格，接著點選〔公式〕索引標籤，「公式稽核」群組中的 🔽 按鈕，並選取其選單的「追蹤錯誤」 ⬇ 按鈕。

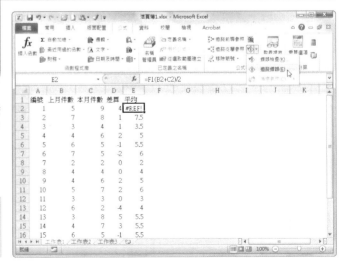

操作小撇步

公式錯誤的儲存格，左側會出現警告標示 ⬦，在其上按一下滑鼠左鍵🖱，同樣可以追蹤公式錯誤之處。

2 接著會出現藍色的線條和箭頭,指示內含錯誤數值內容來源的儲存格,即可根據指示找出錯誤原因並加以修正。

操作小撇步

「追蹤錯誤」⬇ 按鈕只限用在有錯誤的儲存格上;若是儲存格沒有錯誤,則必須按下「追蹤前導參照」⬚⁑,才可追蹤公式的流向。

Trick 06 公式錯誤代碼查詢

下表可讓你查詢常見的 Excel 公式錯誤代碼,這樣一來你就可以採取適當的改正措施。

錯誤代碼	意義	採取措施
#DIV/0!	當公式中出現除數為 0 或是空白儲存格	檢查除數的儲存格,如果為 0 請更改為不是 0 的數字
#REF!	公式中所參照的儲存格位址不正確	最常出現在公式複製時;直接更改複製後的公式
#VALUE!	公式中所參照儲存格的資料不符合運算的格式	檢查公式中的儲存格是否有不合公式的格式,例如不是設定為數字而是文字型式
#NUM!	當函數的引數範圍不被接受時所出現的訊息	檢查引數的使用是否符合該函數的範圍
#NAME?	無法識別公式中的名稱	最常出現在函數名稱錯誤時;請重新檢查公式中的名稱或函數名稱是否正確
######	這不是錯誤訊息,只是儲存格的欄寬太小,不足以顯示出所有的數值	直接加寬欄寬即可

Trick 07 選擇性複製公式或註解

除了一般的文字和數字複製之外,儲存格內的公式或格式等也可以選擇性地複製起來,不過操作方法有一些小差異,並不是直接用快速鍵直接複製貼上,需要透過右鍵選單來進行。

1 先選擇要複製的資料範圍,接著在工具列的「複製」🖹 上按一下滑鼠左鍵🖱。

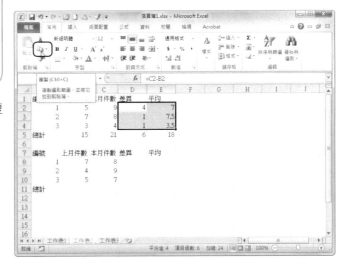

2 然後點選複製目的地所在的工作表，接著在複製目的地儲存格的起始格上按一下滑鼠右鍵，再點選快速選單中的【選擇性貼上】旁的下拉選單。

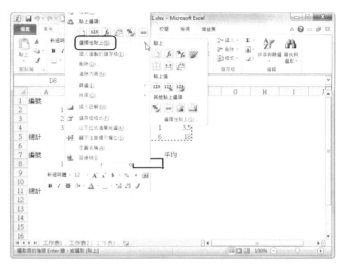

3 從下拉選單中找到「公式」 ⨍ 後，在該圖示上按一下滑鼠左鍵。

4 現在可以看到剛剛所複製的「公式」，已經被貼到相對應的儲存格上，而且正常執行運算，並將計算後的數值正確地顯示出來了。

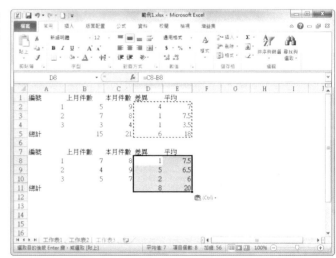

操作小撇步

「選擇性貼上」對話框裡的項目及意義如下表：

1. 貼上

貼上項目	意義
全部	複製儲存格裡所有的設定，包含公式、格式、註解等
公式	只複製公式
值	只將公式的值複製過去
格式	將儲存格所套用的格式複製過去
註解	複製儲存格的註解
驗證	複製儲存格的驗證
框線以外的全部項目	除了框線設定以外，全部項目都複製過去

2. 運算

如果複製後，同時要對該儲存格的資料進行運算時，可以在「運算」方塊中選擇所需的運算值，例如：加「＋」、減「－」、乘「＊」、除「／」四種。若不需要，則請確認預設值為「無」。

3. 貼上的方法

貼上的方法	意義
略過空格	如果複製的範圍中有空白儲存格出現，則略過不要
轉置	將列的資料轉為欄的資料，而欄的資料則轉為列的資料

Trick 08 透過評估值了解公式運算

透過 Excel 2010 的「評估值公式」，可簡化巢狀公式的偵錯，省去層層剖析公式所花費的時間，透過這種方式可以幫助讀者解析複雜的巢狀公式計算的過程，也可以藉此檢視公式是否出錯。

1 先點選含有公式的儲存格，然後切換至〔公式〕索引標籤，並按下「公式稽核」分類中的【評估值公式】。

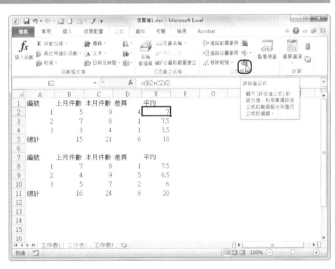

2 此時會出現「評估值公式」對話框，並顯示該儲存格的計算公式，在公式中會出現底線，表示可以追蹤該儲存格的內容，按下〔評估值〕按鈕繼續追蹤。

3 接下來會出現公式，表示該儲存格的值，公式中若出現底線，表示可以繼續追蹤，按下〔評估值〕按鈕繼續。

4 當整個公式出現底線，表示可以推導到最後一步，按下〔評估值〕按鈕繼續下一步。

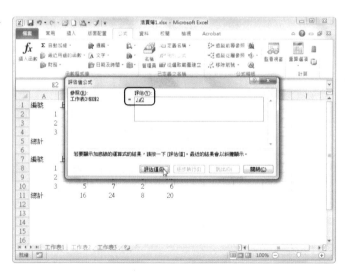

5 透過這種方式可以幫助讀者解析複雜的巢狀公式計算結果。若想重新檢視評估值的計算結果，可按下〔重新啟動〕按鈕重新計算，若不想繼續可按下關閉〔按鈕〕。

Trick 09 利用逐步追蹤，追蹤巢狀公式計算

「評估值公式」功能可以簡化巢狀公式的偵錯，省去層層剖析公式所花費的時間，除了利用剛剛的〔評估值〕按鈕來瞭解公式運算的來龍去脈之外，也可透過〔逐步執行〕按鈕進行追蹤。

1 點選要進行追蹤的儲存格，然後按下〔公式〕索引標籤，從功能表按下【評估值公式】，叫出「評估值公式」對話框。「評估值公式」對話框出現後，按下〔逐步執行〕按鈕。

2 接下來在「評估值公式」公式對話框，會列出第二層公式，並自動跳至儲存格所在的位置，表示第一層公式的中的儲存格（以藍色字體表示），它的公式內容如第二層公式所示，在第二層公式有個儲存格出現底線，表示可以繼續追蹤它的公式內容，按下〔逐步執行〕按鈕繼續。

3 第二層公式內容綠色字體的部分，表示儲存格的公式是第三層公式的內容，當公式內容追蹤己到底層，就會取消〔逐步追蹤〕的按鈕，若想回溯到上一層公式，可按下〔跳出〕按鈕。

Trick 10　使用智慧標籤校正公式錯誤

當使用 Excel 的公式進行試算，出現公式錯誤的情況該怎麼辦？以往初學者碰到儲存格顯示「########」、「#DIV /0!」之類的訊息，往往不知該如何進行公式校正？ Excel 提供了好用的「智慧標籤」功能，應用於公式錯誤校正，只要用滑鼠點一下 ◇ 智慧標籤圖示，就會引導使用者如何去解決公式錯誤，讓使用者不再手足無措。

1 當 Excel 上的儲存格出現公式錯誤的情況發生，會在儲存格的左上角標上綠色的三角形記號，若用滑鼠點選發生錯誤的儲存格，會出現 ◇ 智慧標籤圖示。

2 按下 ◇ 智慧標籤圖示旁的倒三角形按鈕 ▼ ，會出現下拉選單，下拉選單的第一項「除以零錯誤」，是說明造成這個錯誤的原因，若想了解什麼是「除以零錯誤」，可按下選單上的【關於這個錯誤的說明】。

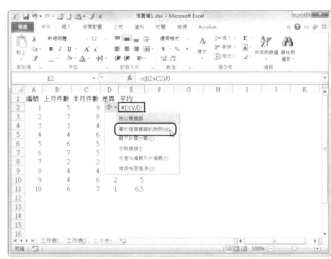

操作小撇步

◇ 智慧標籤的功能表

關於這個錯誤的說明：開啟說明網頁，解決錯誤發生的原因，並說明如何排除錯誤。

顯示計算步驟：開啟「評估值公式」對話框，讓使用者了解目前的公式如何進行運算。

忽略錯誤：忽略目前儲存格所發生的錯誤，儲存格的左上角不會標上綠色的三角形記號。

在資料編輯列中編輯：直接到儲存格所在的資料編輯列編輯公式。

錯誤檢查選項：開啟「Excel 選項」對話框，讓使用者可以調整「錯誤檢查」及「錯誤檢查規則」選項的設定。

3 接下來會開啟 Excel 說明，並顯示如何「修正 #DIV /0! 錯誤」的方法，了解要避免除以零錯誤，只要讓除數不為零即可，關閉這個說明視窗，回到 Excel，到該儲存格所在的位置，到資料編輯列修正公式內容即可。

操作小撇步

如果眾多儲存格發生錯誤的原因，是由某個儲存格所引起，只要修正主要發生錯誤的儲存格，其他發生錯誤的儲存格就會自動消除錯誤狀態。但是，若發生錯誤的儲存格，都是各自獨立的因素造成的。修正其中一個錯誤，其他未解決錯誤的儲存格，仍會在儲存格的左上角標上綠色的三角形記號。

操作小撇步

「選擇性貼上」的設定項目與功能

1. 貼上

貼上項目	意義
全部	複製儲存格裡所有的設定，包含公式、格式、註解等
公式	只複製公式
值	只將公式的值複製過去
格式	將儲存格所套用的格式複製過去
註解	複製儲存格的註解
驗證	複製儲存格的驗證
框線以外的全部項目	除了框線設定之外，全部的項目都複製過去

2. 運算

如果複製後，同時要對該儲存格的資料進行運算時，可以在「運算」方塊中選擇所需的運算值，例如：加「+」、減「-」、乘「*」、除「/」四種。若不需要，則請確認預設值為「無」。

3. 貼上的方法

貼上的方法	意義
略過空格	如果複製的範圍中有空白儲存格出現，則略過不要
轉置	將列的資料轉為欄的資料，而欄的資料則轉為列的資料

常用函數

CHAPTER

Excel 除了可自訂常用的公式,也能處理日常生活中常用的算式(如加減乘除、平均數標準差等)。而關於複雜的公式,Excel 內也有許多現成的函數可供運用,預設了共十一大類,342 個函數!在接下來的本單元裡,介紹你各種常用公式及函數的操作技巧介紹,使你能得心應手的操作生活到工作所需的各種運算!如處理家庭收支表、股票投資損益表、理財投資表,和房貸利息計算表等。

Trick 01 設定函數與參數,擺平所有計算難題

Excel 最強大的功能,就是讓你可以使用設定函數和參數的方法來進行各種運算,解決遇到的所有計算難題!

1 先選取要插入函數的儲存格,接著在該儲存格上鍵入等號「=」,然後按下工具列的「插入函數」 f_x,準備插入所需的函數。

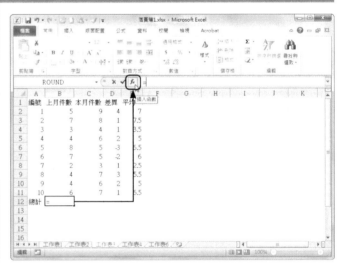

✍ 操作小撇步

如果按下功能表的〔插入〕,再點選下拉選單中的【函數】,也可以開啟「插入函數」對話框,做插入函數的設定。

2 「插入函數」對話框出現後,先按下「或選取類別」方框旁的 ∨,再點選所需的函數類別,接著在「選取函數」方框中會出現該類別的函數,現在點選需要的函數,最後按下〔確定〕。

✍ 操作小撇步

可以參考本篇的 Trick10,查詢各個函數的意義。

3 「函數引數」對話框出現後，可看到在方塊中間有對該函數所需參數的說明。我們先在該函數的第一個參數「Number」空白框旁的按一下滑鼠左鍵，準備選取要做次方運算的儲存格資料值。

操作小撇步

所謂「參數」是指函數運算時，所需要傳入的資料值。

4 這時「函數引數」對話框會縮成一列，並會回到原先的工作表上。現在請選取要做資料值運算的儲存格，然後在「函數引數」對話框的上再按一下滑鼠左鍵。回到「函數引數」對話框後，此時在該空白框下方就可預覽函數計算的結果，確定沒問題後，再按下〔確定〕，結束函數的參數設定。

操作小撇步

在設定參數要參照的儲存格時，該儲存格必要有資料值，否則就會出現「#VALUE!」的錯誤。

5 現在可以看到設定函數的計算結果，已經出現在儲存格裡了。可從編輯列中看到該儲存格的內容，也就是剛剛設定的公式。一旦改變前面儲存格的值，公式就會重新計算，並呈現出新的計算結果。

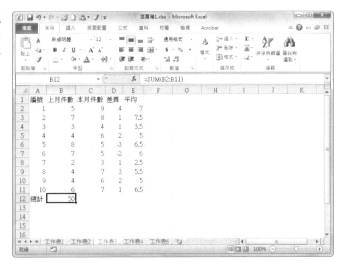

Trick 02 利用 SUM 函數，總和不必自己算

幾個常用的函數。計算數個儲存格的總和的「SUM」函數使用率可說是最高的，以下就帶各位一起來看看這個函數如何使用。

插入「數學與三角函數」類別裡的「SUM」函數後，接著在第一個參數「Number1」中輸入要計算的儲存格範圍後，再按下〔確定〕，就可計算出設定範圍內儲存格的資料總和。

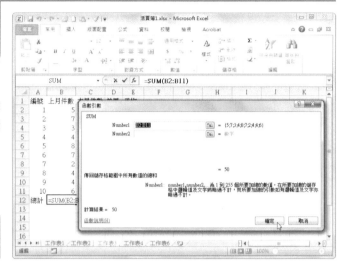

操作小撇步

按下工具列的「自動加總」 Σ ，也可以計算總和。

Trick 03 插入 AVERAGE 函數，輕鬆算出平均數

如果要計算數個儲存格裡的平均數值時，則可以利用「AVERAGE」函數。

1 插入「統計」類別裡的「AVERAGE」函數。

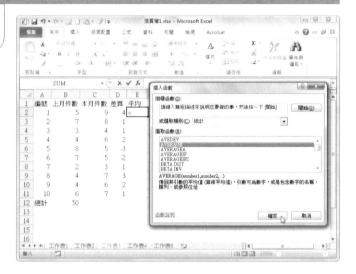

2 然後在第一個參數「Number1」中，輸入要計算的儲存格範圍，接著按下〔確定〕，就可計算選取的儲存格裡，所有資料的平均值。

Trick 04 讓 COUNT 函數幫你計算資料筆數

> 若要統計龐大的資料庫中的有效資料數目，你可以使用「COUNT」函數來處理這個問題。

插入「統計」類別裡的「COUNT」函數後，然後在第一個參數「Value1」中，輸入要計算的範圍，接著按下〔確定〕，就可計算選取範圍的儲存格裡，共有幾筆有效的資料值。

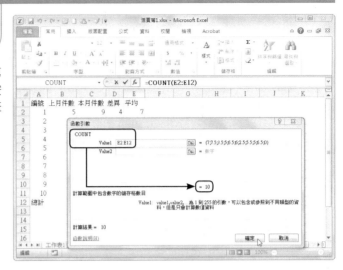

Trick 05 以 STDEV 函數統計標準差

> 如果要計算數個儲存格裡的標準差時，就輪到「STDEV」函數出馬了。

插入「統計」類別裡的「STDEV」函數後，接著在第一個參數「Number1」中輸入要計算的儲存格範圍，然後按下〔確定〕，就可計算選取範圍裡，所有儲存格的標準差。

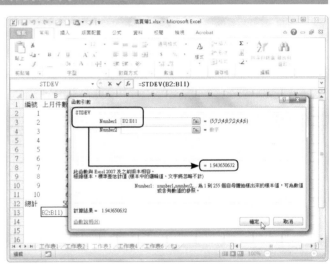

Trick 06 活用 IF 函數，判斷處理一次解決

> 統計計算像獎金之類的資料時，有時我們會設定獎金門檻，依此條件為分野來區分不同資料統計的方式，這時你可以利用「IF」函數，來處理需以條件區分計算方式的資料。

1 首先，先點選要輸出結果的儲存格，接著找出「邏輯」類別裡的「IF」函數後，接著先在第一個參數「Logical_test」空白框旁的 圖示 上按一下滑鼠左鍵，以便選取要做判斷的儲存格。

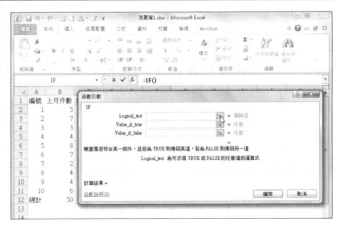

2 回到工作表後，先選取要作為判斷依據的儲存格（例如：G3），接著在「函數引數」對話框右下角的 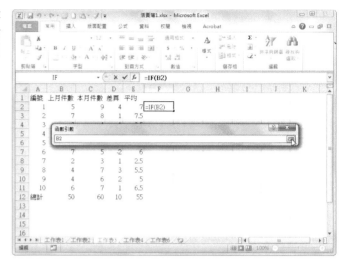 上按一下滑鼠左鍵，以回到原「函數引數」對話框。

3 此時在「Logical_test」空白框中會出現剛剛選取的儲存格位址，現在繼續輸入判斷條件，接著在「Value_if_true」空白框中輸入當符合條件時，所要套用的公式，在「Value_if_false」空白框中則輸入當條件不符時，應執行的運算，最後按下〔確定〕。

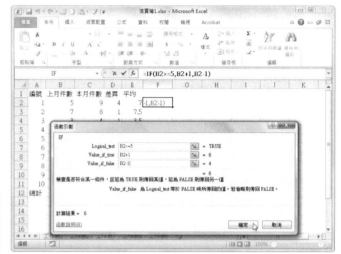

操作小撇步

此公式所參考的儲存格數據，一定要符合「Logical_test」空白框內的公式，此公式才可繼續計算。

4 回到工作表後，儲存格就會自動執行先前在「Value_if_true」空白框中所設定的運算。接著將滑鼠游標移到儲存格右下角的「填滿控點」上，此時滑鼠游標就會變成＋。接著按住滑鼠左鍵不放，向下拖曳到其他需要判斷資料的儲存格，其他不滿足預設條件的資料，就會套用「Value_if_false」空白框中的公式運算了。

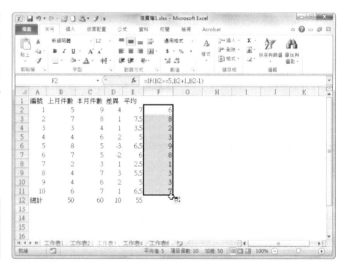

操作小撇步

「IF」函數的參數裡，可以再繼續套用 IF 函數，共可以套用 7 層，因此就可以做 7 層的判斷。

Trick 07　善用巢狀函數，複雜運算不出錯

在函數的參數中也可以再套用函數，以減短公式的長度，如此一來，再複雜的運算也可以準確無誤地一次搞定。

1 先選取要顯示計算結果的儲存格，然後找出要套用的第一個函數。開啟「函數引數」對話框後，在第一個參數「Number1」中先輸入要計算的公式，接著按下儲存格列「AVERAGE」旁的 ✓ 。

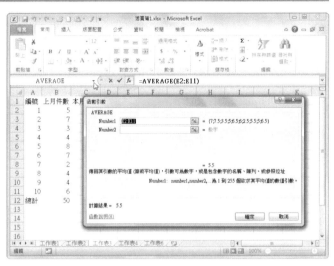

2 向下拉出函數選單後，接著點選要再套用的第二個函數。

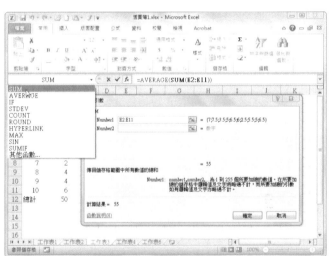

3 進入「函數引數」對話框後，先在「Number1」中輸入要加總的儲存格範圍，然後在工作表上方的資料編輯列上按一下滑鼠左鍵 🖰，回到之前的「函數引數」對話框。

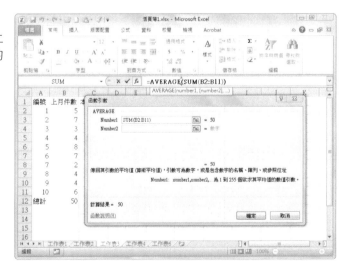

4 此時可以看到在第一個參數「Number1」中，套用了第二個函數計算公式。緊接著要在第二個參數「Number2」空白框中，按一下滑鼠左鍵。

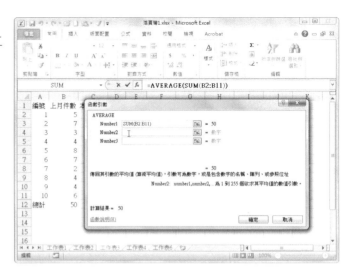

5 接下來鍵入另一個公式開端，繼續依照以上的方法，再根據參照列的不同位址，將五個參數統統套用相同的函數，以設定出完整的運算式。待全部完成後，再按下〔確定〕，完成整個函數的設定。

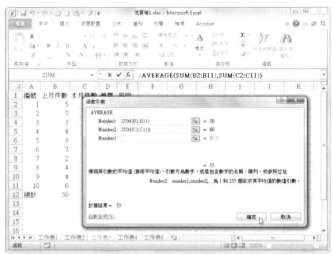

Trick 08 相對位址與絕對位址的參照

「相對位址」是指在複製公式時，它能依照儲存格位置的不同，自動在公式中替換成相對應的儲存格；而「絕對位址」則是絕對的鎖定該位址，即使加以位移或複製，也不會改變其位址。

1 依範例所示，若在儲存格 F2 中輸入公式「=B2*F1」，其中的「B2」就叫做「相對位址」，當公式複製到其他儲存格時，其位址就會跟著相對改變；而「F1」就叫做「絕對位址」（加上「$」，就表示「絕對」的意思），複製公式時，此位址永遠不會改變。

操作小撇步

「B$2」就稱為「混合位址」，當複製公式時，「欄」會跟著變動，但是「列」卻固定在第 2 列。

2 現在將該公式向下複製，可以看到其他儲存格中的公式，由原本的「＝B2*F1」改變成「＝B11*F1」，其中的相對位址都改變了，只有絕對位址「F1」沒有改變。

Trick 09 不同工作表的位址參照

別以為公式裡要參照的儲存格都必須在同一張工作表內！ Excel 的強大功能，當然能讓你跨越不同的工作表，以取得公式運算時所需的各種資料。

1 在儲存格輸入公式的開端，接著將滑鼠游標✛移到下面的工作表活頁標籤上，並按一下滑鼠左鍵🖱，以切換到其他工作表。

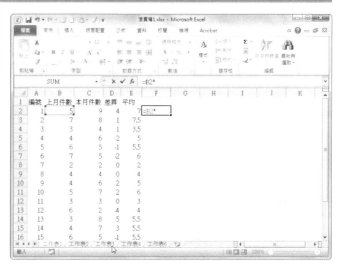

2 接著選取公式所需的其他儲存格後，再按下鍵盤上的 Enter ，以完成公式，並回到主工作表中。可以看到在儲存格中已經出現計算結果，而上方的資料編輯列中的「工作表 3!」就是表示該公式已參照到「工作表 3」了。

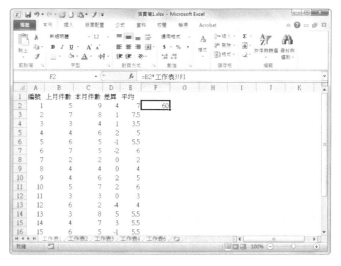

Trick 10 各函數的意義查詢

以下是各函數的意義，你可以選擇真正所需的函數。

01. 財務函數

函數	語法	簡介
ACCRINT	ACCRINT(issue,first_interest,settlement,rate,par,frequency,basis,calc_method)	傳回支付定期利息之證券的應計利息
ACCRINTM	ACCRINTM(issue,settlement,rate,par,basis)	傳回到期時支付利息之證券的應計利息
AMORDEGRC	AMORDEGRC(cost,date_purchased,first_period,salvage,period,rate,basis)	使用折舊係數傳回每一個會計週期的折舊
AMORLINC	AMORLINC(cost,date_purchased,first_period,salvage,period,rate,basis)	傳回每一個會計週期的折舊
COUPDAYBS	COUPDAYBS(settlement,maturity,frequency,basis)	傳回從票息週期的開始到結帳日期之間的日數
COUPDAYS	COUPDAYS(settlement,maturity,frequency,basis)	傳回包含結帳日期之票息週期中的日數
COUPDAYSNC	COUPDAYSNC(settlement,maturity,frequency,basis)	傳回從結帳日期到下一個票息日期之間的日數
COUPNCD	COUPNCD(settlement,maturity,frequency,basis)	傳回結帳日期之後的下一個票息日期
COUPNUM	COUPNUM(settlement,maturity,frequency,basis)	傳回可在結帳日期和到期日期之間支付的票息數字
COUPPCD	COUPPCD(settlement,maturity,frequency,basis)	傳回結帳日期之前的前一個票息日期
CUMIPMT	CUMIPMT(rate,nper,pv,start_period,end_period, 類型)	傳回在兩個週期之間所支付的累計利息
CUMPRINC	CUMPRINC(rate,nper,pv,start_period,end_period, 類型)	傳回在兩個週期之間的貸款上所支付的累計本金
DB	DB(cost,salvage,life,period,month)	計算固定資產在指定期間內按定率遞減法計算的折舊
DDB	DDB(cost,salvage,life,period,factor)	計算固定資產在指定期間內按倍率遞減法所得的折舊
DISC	DISC(settlement,maturity,pr,redemption,basis)	會傳回證券的貼現率
DOLLARDE	DOLLARDE(fractional_dollar,fraction)	以分數表示的美金價格，轉換成以十進位數字表示的美金價格
DOLLARFR	DOLLARFR(decimal_dollar,fraction)	以十進位數字表示的美金價格，轉換成以分數表示的美金價格
DURATION	DURATION(settlement,maturity,coupon,yld,frequency,basis)	會傳回具有定期利息付款之證券的年度持續時間
EFFECT	EFFECT(nominal_rate,npery)	會傳回實年度利率
FV	FV(rate,nper,pmt,pv,type)	可計算在固定利率、繳款期數及繳款金額下，累積數年後之未來值

函數	語法	簡介
FVSCHEDULE	FVSCHEDULE(principal,schedule)	會在套用一系列複利率之後，傳回初始資金的未來值
INTRATE	INTRATE(settlement,maturity,investment,redemption,basis)	會傳回完整投資證券的利率
IPMT	IPMT(rate,per,nper,pv,fv,type)	計算貸款某金額時，在固定利率及期數下，每期需償還之利息金額
IRR	IRR(VALUES,GUESS)	用來計算已支付一固定成本後，再定期領回報酬時，其內部報酬率
ISPMT	ISPMT(rate,per,nper,pv)	計算特定投資期間內所支付的利息
LOGEST	LOGEST(known_y's,known_x's,const,stats)	傳回指數趨勢線的參數
MDURATION	MDURATION(settlement,maturity,coupon,yld,frequency,basis)	會傳回具有保障票面價值 $100 之證券的存續已修改期間
MIRR	MIRR(values,finance_rate,reinvest_rate)	會傳回內部報酬率，其中正負現金流量以不同利率進行融資
NOMINAL	NOMINAL(effect_rate,npery)	會傳回名義年度利率
NPER	NPER(rate,pmt,pv,fv,type)	計算在固定繳款金額及利率下，貸款某一金額時，需繳款之期數
NPV	NPV(rate,value1,value2,...)	會根據一系列定期的現金流量和貼現率，傳回投資的淨現值
ODDFPRICE	ODDFPRICE(settlement,maturity,issue,first_coupon,rate,yld,redemption,frequency,basis)	會傳回具有奇數第一個週期的證券每 $100 面額的價格
ODDFYIELD	ODDFYIELD(settlement,maturity,issue,first_coupon,rate,pr,redemption,frequency,basis)	會傳回具有奇數第一個週期的證券收益
ODDLPRICE	ODDLPRICE(settlement,maturity,last_interest,rate,yld,redemption,frequency,basis)	會傳回具有奇數最後一個週期的證券每 $100 面額的價格
ODDLYIELD	ODDLYIELD(settlement,maturity,last_interest,rate,pr,redemption,frequency,basis)	會傳回具有奇數最後一個週期的證券收益
PMT	PMT(rate,nper,pv,fv,type)	計算貸款某金額時，在固定利率及期數下，每期需償還之金額（包括本金及利息）
PPMT	PPMT(rate,per,nper,pv,fv,type)	計算貸款某金額時，在固定利率及期數下，每期需償還之本金金額
PRICE	PRICE(settlement,maturity,rate,yld,redemption,frequency,basis)	傳回定期支付利息的證券每 $100 面額的價格
PRICEDISC	PRICEDISC(settlement,maturity,discount,redemption,basis)	傳回貼現證券每 $100 面額的價格
PRICEMAT	PRICEMAT(settlement,maturity,issue,rate,yld,basis)	會傳回到期時支付利息的證券每 $100 面額的價格
PV	PV(rate,nper,pmt,fv,type)	此函數是用來計算固定付款金額及利率下，可得的現值
RATE	RATE(nper,pmt,pv,fv,type,guess)	推算貸款某一金額時，每期繳款金額及期數固定下，其利率值為多少

函數	語法	簡介
RECEIVED	RECEIVED(settlement,maturity,investment,discount,basis)	傳回完整投資證券在到期時收到的金額
SLN	SLN(cost,salvage,life)	傳回資產按直線折舊法所計算的每期折舊
SYD	SYD(cost,salvage,life,per)	傳回資產在指定期間內按年數合計法所計算的折舊
TBILLEQ	TBILLEQ(settlement,maturity,discount)	傳回國庫券的債券約當收益
TBILLPRICE	TBILLPRICE(settlement,maturity,discount)	傳回國庫卷每 $100 面額的價格
TBILLYIELD	TBILLYIELD(settlement,maturity,pr)	傳回國庫卷的收益
VDB	VDB(cost,salvage,life,start_period,end_period,factor,no_switch)	計算某項固定資產在某個時間內（包括分期付款）的折舊數總額
XIRR	XIRR(values,dates,guess)	傳回不需定期的現金流量時程的內部報酬率
XNPV	XNPV(rate,values,dates)	傳回不需定期的現金流量時程的淨現值
YIELD	YIELD(settlement,maturity,rate,pr,redemption,frequency,basis)	傳回定期支付利息的證券收益
YIELDDISC	YIELDDISC(settlement,maturity,pr,redemption,basis)	傳回貼現證券 (例如國庫券) 的年收益
YIELDMAT	YIELDMAT(settlement,maturity,issue,rate,pr,basis)	傳回到期時支付利息之證券的年收益

02. 日期及時間函數

函數	語法	簡介
DATE	DATE(year,month,day)	傳回特定日期的序列值
DATEVALUE	DATEVALUE(date_text)	將文字型態的日期資料轉換為數字日期型態
DAY	DAY(serial_number)	可取出日期中關於日的部分
DAYS360	DAYS360(start_date,end_date,[method])	按每年 360 天計算兩個日期之間的日數
EDATE	EDATE(start_date,months)	傳回在開始日期之前或之後指定月份數的某個日期的序列值
EOMONTH	EOMONTH(start_date,months)	傳回指定月份數之前或之後某月的最後一天的序列值
HOUR	HOUR(serial_number)	取出時間中，關於時的資料
MINUTE	MINUTE(serial_number)	取出時間中，關於分的資料
MONTH	MONTH(serial_number)	取出日期中記載為月的資料
NETWORKDAYS	NETWORKDAYS(start_date,end_date,holidays)	傳回兩個日期之間的完整工作日數
NOW	NOW()	會傳回目前日期與時間的序列值
SECOND	SECOND(serial_number)	取出時間中，關於秒的資料
TIME	TIME(hour,minute,second)	以時、分、秒來完整地顯示時間

函數	語法	簡介
TIMEVALUE	TIME(hour,minute,second)	將文字格式的時間轉換成序列值
TODAY	TODAY()	傳回今天日期的序列值
WEEKDAY	WEEKDAY(serial_number,return_type)	將序列值轉換成星期
WEEKNUM	WEEKNUM(serial_num,return_type)	將序列值轉換成表示某一週是一年中第幾週的數字
WORKDAY	WORKDAY(start_date,days,holidays)	傳回指定工作日數之前或之後某個日期的序列值
YEAR	YEAR(serial_number)	取出日期中記載為年的資料
YEARFRAC	YEARFRAC(start_date,end_date,basis)	會傳回表示 start_date 與 end_date 之間完整日數的年份分數

03. 數學與三角函數

函數	語法	簡介
ABS	ABS(number)	會傳回數字的絕對值
ACOS	ACOS(number)	會傳回數字的反餘弦值
ACOSH	ACOSH(number)	會傳回數字的反雙曲線餘弦值
ASIN	ASIN(number)	會傳回數字的反正弦值
ASINH	ASINH(number)	會傳回數字的反雙曲線正弦值
ATAN	ATAN(number)	會傳回數字的反正切值
ATAN2	ATAN2(x_num,y_num)	會從 X 和 Y 座標傳回反正切值
ATANH	ATANH(number)	會傳回數字的反雙曲線正切值
CEILING	CEILING(number,significance)	此函數可以設定數值以趨近倍數基準的方式無條件進位
COMBIN	COMBIN(number,number_chosen)	會傳回指定物件數的組合數
COS	COS(number)	會傳回數字的餘弦值
COSH	COSH(number)	會傳回數字的雙曲線餘弦值
DEGREES	DEGREES(angle)	會將弧度轉換成度數
EVEN	EVEN(number)	會將數字無條件進位至最接近的偶數整數
EXP	EXP(number)	會傳回提升至指定數字之乘冪的 e
FACT	FACT(number)	會傳回數字的階乘
FACTDOUBLE	FACTDOUBLE(number)	會傳回數字的雙階乘
FLOOR	FLOOR(number,significance)	會將數字無條件捨去至趨近於零
GCD	GCD(number1,number2,...)	會傳回最大公因數
INT	INT(number)	會將數字無條件捨去至最接近的整數
LCM	LCM(number1,number2,...)	會傳回最小公倍數
LN	LN(number)	會傳回數字的自然對數

函數	語法	簡介
LOG	LOG(number,base)	會傳回指定底數之數字的對數
LOG10	LOG10(number)	會傳回數字的以 10 為底對數
MDETERM	MDETERM(array)	會傳回陣列的矩陣行列式
MINVERSE	MINVERSE(array)	會傳回陣列的反矩陣
MMULT	MMULT(array1,array2)	會傳回兩個陣列的矩陣乘積
MOD	MOD(number,divisor)	會傳回相除後的餘數
MROUND	MROUND(number,multiple)	會將數字四捨五入至所要的倍數
MULTINOMIAL	MULTINOMIAL(number1,number2,…)	會傳回一組數字的多項式
ODD	ODD(number)	無條件進位後之最近奇整數
PI	PI()	計算圓周率
POWER	POWER(number,power)	此函數可以用來計算乘冪的結果
PRODUCT	PRODUCT(number1,[number2],…)	此函數是用來計算數組引數內各種值相乘後的結果
QUOTIENT	QUOTIENT(numerator,denominator)	會傳回相除後的整數部分
RADIANS	RADIANS(angle)	會將度數轉換成弧度
RAND	RAND()	會傳回 0 和 1 之間的亂數
RANDBETWEEN	RANDBETWEEN(bottom,top)	會傳回所指定數字之間的亂數
ROMAN	ROMAN(number,form)	將指定的數字以羅馬字顯示
ROUND	ROUND(number,num_digits)	會將數字四捨五入至指定的位數
ROUNDDOWN	ROUNDDOWN(number,num_digits)	將數值以無條件捨去方式計算，並以指定的小數點位數呈現
ROUNDUP	ROUNDUP(number,num_digits)	會將數字無條件進位至遠離零
SERIESSUM	SERIESSUM(x,n,m,coefficients)	會根據公式傳回冪級數的總和
SIGN	SIGN(number)	會傳回數字的正負號
SIN	SIN(number)	會傳回指定角度的正弦值
SINH	SINH(number)	會傳回數字的雙曲線正弦值
SQRT	SQRT(number)	會傳回正平方根
SQRTPI	SQRTPI(number)	會傳回 (number*pi) 的平方根
SUBTOTAL	SUBTOTAL(function_num,ref1,ref2,…)	會傳回清單或資料庫的小計
SUM	SUM(number1,number2,…)	會將引數相加
SUMIF	SUMIF(range,criteria,[sum_range])	在指定的範圍內，有條件的加總儲存格數值
SUMIFS	SUMIFS(sum_range,criteria_range1, criteria1, [criteria_range2,criteria2],…)	加入範圍中符合多個準則的儲存格
SUMPRODUCT	SUMPRODUCT(array1,array2,array3,…)	會傳回對應陣列元件之乘積的總和
SUMSQ	SUMSQ(number1,number2,…)	可計算所有引數的平方根和
SUMX2MY2	SUMXMY2(array_x,array_y)	會傳回兩個陣列中對應值之平方差的總和

函數	語法	簡介
SUMX2PY2	SUMX2PY2(array_x,array_y)	會傳回兩個陣列中對應值之平方和的總和
SUMXMY2	SUMX2MY2(array_x,array_y)	會傳回兩個陣列中對應值之差的平方和
TAN	TAN(number)	會傳回數字的正切值
TANH	TANH(number)	會傳回數字的雙曲線正切值
TRUNC	TRUNC(number,num_digits)	會將數字截去成整數

04. 統計函數

函數	語法	簡介
AVEDEV	AVEDEV(number1,number2,...)	會根據資料點的平均值，傳回資料點絕對誤差的平均值
AVERAGE	AVERAGE(number1,[number2],...)	計算指定範圍內，儲存格數值的平均值
AVERAGEA	AVERAGEA(value1,value2,...)	會傳回引數的平均值，包含數字、文字和邏輯值
AVERAGEIF	AVERAGEIF(range,criteria,average_range)	會傳回範圍中符合給定準則之所有儲存格的平均值（算術平均值）
AVERAGEIFS	AVERAGEIFS(average_range,criteria_range1,criteria1,criteria_range2,criteria2...)	會傳回符合多個準則之所有儲存格的平均值（算術平均值）
BETADIST	BETADIST(x,alpha,beta,A,B)	會傳回 Beta 累加分配函數
BETAINV	BETAINV(probability,alpha,beta,A,B)	會傳回指定 Beta 分配之累加分配函數的反函數
BINOMDIST	BINOMDIST(number_s,trials,probability_s,cumulative)	會傳回在特定次數的二項分配實驗中，實驗成功的機率
CHIDIST	CHIDIST(x,degrees_freedom)	會傳回卡方分配的單側機率
CHIINV	CHIINV(probability,degrees_freedom)	會傳回卡方分配之單側機率的反函數
CHITEST	CHITEST(actual_range,expected_range)	會傳回獨立性檢定的結果
CONFIDENCE	CONFIDENCE(alpha,standard_dev,size)	會傳回母體平均值的信賴區間
CORREL	CORREL(array1,array2)	會傳回兩個資料集間的相關係數
COUNT	COUNT(value1,[value2],...)	在指定範圍內，計算儲存格格式為數字的儲存格數目
COUNTA	COUNTA(value1,[value2],...)	計算指定範圍內，所有儲存格數目
COUNTBLANK	COUNTBLANK(range)	計算範圍中空白儲存格的個數
COUNTIF	COUNTIF(range,criteria)	計算符合指定準則的範圍中之儲存格個數
COUNTIFS	COUNTIFS(criteria_range1,criteria1,[criteria_range2,criteria2]…)	計算符合多個準則的範圍中之儲存格個數
COVAR	COVAR(array1,array2)	傳回共變數，即成對誤差乘積的平均值
CRITBINOM	CRITBINOM(trials,probability_s,alpha)	傳回累加二項分配小於或等於臨界值的最小值
DEVSQ	DEVSQ(number1,number2,...)	傳回誤差的平方和

函數	語法	簡介
EXPONDIST	EXPONDIST(x,lambda,cumulative)	傳回指數分配函數
FDIST	FDIST(x,degrees_freedom1,degrees_freedom2)	傳回 F 機率分配
FINV	FINV(probability,degrees_freedom1,degrees_freedom2)	傳回 F 機率分配的反函數
FISHER	FISHER(x)	傳回費雪轉換
FISHERINV	FISHERINV(y)	傳回費雪轉換的反函數
FORECAST	FORECAST(x,known_y's,known_x's)	傳回等差趨勢上的值
FREQUENCY	FREQUENCY(data_array,bins_array)	以垂直陣列傳回頻率分配
FTEST	FTEST(array1,array2)	傳回 F 檢定的結果
GAMMADIST	GAMMADIST(x,alpha,beta,cumulative)	傳回伽瑪分配
GAMMAINV	GAMMAINV(probability,alpha,beta)	傳回伽瑪累加分配的反函數
GAMMALN	GAMMALN(x)	傳回伽瑪函數的自然對數「(x)
GEOMEAN	GEOMEAN(number1,number2,...)	傳回幾何平均值
GROWTH	GROWTH(known_y's,known_x's,new_x's,const)	傳回指數趨勢上的值
HARMEAN	HARMEAN(number1,number2,...)	傳回調和平均值
HYPGEOMDIST	HYPGEOMDIST(sample_s,number_sample,population_s,number_population)	傳回超幾何分配
INTERCEPT	INTERCEPT(known_y's,known_x's)	傳回直線迴歸線的截距
KURT	KURT(number1,number2,...)	傳回資料集的峰度值
LARGE	LARGE(array,k)	傳回資料集中第 K 個最大值
LINEST	LINEST(known_y's,[known_x's],[const],[stats])	傳回等差趨勢的參數
LOGEST	LOGEST(known_y's,known_x's,const,stats)	傳回指數趨勢的參數
LOGINV	LOGINV(probability,mean,standard_dev)	傳回對數分配的反函數
LOGNORMDIST	LOGNORMDIST(x,mean,standard_dev)	傳回累加對數分配
MAX	MAX(number1,number2,...)	傳回引數清單中的最大值
MAXA	MAXA(value1,value2,...)	傳回引數清單中的最大值，包含數字、文字和邏輯值
MEDIAN	MEDIAN(number1,number2,...)	傳回指定數字的中間數
MIN	MIN(number1,number2,...)	傳回引數清單中的最小值
MINA	MINA(value1,value2,...)	傳回引數清單中的最小值，包含數字、文字和邏輯值
MODE	MODE(number1,number2,...)	傳回資料集中的最常見值
NEGBINOMDIST	NEGBINOMDIST(number_f,number_s,probability_s)	傳回負二項分配
NORMDIST	NORMDIST(x,mean,standard_dev,cumulative)	傳回常態累加分配

函數	語法	簡介
NORMINV	NORMINV(probability,mean,standard_dev)	傳回常態累加分配的反函數
NORMSDIST	NORMSDIST(z)	傳回標準常態累加分配
NORMSINV	NORMSINV(probability)	傳回標準常態累加分配的反函數
PEARSON	PEARSON(array1,array2)	傳回皮耳森積差相關係數
PERCENTILE	PERCENTILE(array,k)	傳回範圍中位於第 K 個百分比的值
PERCENTRANK	PERCENTRANK(array,x,significance)	傳回資料集中值的百分比排位
PERMUT	PERMUT(number,number_chosen)	傳回指定物件數的排列方式數目
POISSON	POISSON(x,mean,cumulative)	傳回波氏分配
PROB	PROB(x_range,prob_range,lower_limit,upper_limit)	傳回範圍中的值落在上下限之間的機率
QUARTILE	QUARTILE(array,quart)	傳回資料集的四分位數
RANK	RANK(number,ref,order)	傳回數字在數字清單中的排位
RSQ	RSQ(known_y's,known_x's)	傳回皮耳森積差相關係數的平方
SKEW	SKEW(number1,number2,...)	傳回分配的偏斜
SLOPE	SLOPE(known_y's,known_x's)	傳回直線迴歸線的斜率
SMALL	SMALL(array,k)	傳回資料集中第 K 個最小值
STANDARDIZE	STANDARDIZE(x,mean,standard_dev)	傳回常態化的值
STDEV	STDEV(number1,number2,...)	根據樣本來估計標準差
STDEVA	STDEVA(value1,value2,...)	根據樣本來估計標準差，包含數字、文字和邏輯值
STDEVP	STDEVP(number1,number2,...)	根據整個母體來計算標準差
STDEVPA	STDEVPA(value1,value2,...)	根據整個母體來計算標準差，包含數字、文字和邏輯值
STEYX	STEYX(known_y's,known_x's)	傳回迴歸分析中為每個 X 所預測之 Y 值的標準誤差
TDIST	TDIST(x,degrees_freedom,tails)	傳回 Student's 式 T 分配
TINV	TINV(probability,degrees_freedom)	傳回 Student's 式 T 分配的反函數
TREND	TREND(known_y's,known_x's,new_x's,const)	傳回等差趨勢上的值
TRIMMEAN	TRIMMEAN(array,percent)	傳回資料集內部的平均值
TTEST	TTEST(array1,array2,tails,type)	傳回與 Student's 式 T 檢定相關的機率
VAR	VAR(number1,number2,...)	根據樣本來估計變異數
VARA	VARA(value1,value2,...)	根據樣本來估計變異數，包含數字、文字和邏輯值
VARP	VARP(number1,number2,...)	根據整個母體來計算變異數
VARPA	VARPA(value1,value2,...)	根據整個母體來計算變異數，包含數字、文字和邏輯值
WEIBULL	WEIBULL(x,alpha,beta,cumulative)	傳回 Weibull 分配
ZTEST	ZTEST(array, μ 0,sigma)	傳回 Z 檢定的單側機率值

05. 查閱與參照函數

函數	語法	簡介
ADDRESS	ADDRESS(row_num,column_num,[abs_num],[a1],[sheet_text])	根據指定的欄列號碼，顯示代表儲存格位址的字串
AREAS	AREAS(reference)	先設定數組參照位址，然後再計算所設定的組數共有幾組
CHOOSE	CHOOSE(index_num,value1,value2,...)	根據索引值，在參照值中抓取相符的資料
COLUMN	COLUMN(reference)	查詢欄號
COLUMNS	COLUMNS(array)	查詢列數
HLOOKUP	HLOOKUP(lookup_value,table_array,row_index_num,range_lookup)	是查表函數的一種，利用陣列的方式，以水平方向查表
HYPERLINK	HYPERLINK(link_location,friendly_name)	此函數可以將指定的內容，建立為連結至檔案的超連結格式
INDEX	INDEX(array,row_num,column_num)	此函數為索引函數，是以陣列的方式，將所需的資料索引出來
INDIRECT	INDIRECT(ref_text,a1)	顯示文字串所指定的參照位址
LOOKUP	LOOKUP(lookup_value,lookup_vector,result_vector)	此函數為查表函數，有兩種用法，第一種為以向量方式查表的技巧
MATCH	MATCH(lookup_value,lookup_array,[match_type])	在比對資料後，求取出該資料在指定陣列中的列數或欄數
OFFSET	OFFSET(reference,rows,cols,height,width)	指定起始的儲存格後，再分別設定要垂直位移及水平位移的格數，然後即可取得資料
ROW	ROW(reference)	會傳回參照的列號
ROWS	ROWS(array)	會傳回參照中的列數
RTD	RTD(ProgID,server,topic1,[topic2],...)	支援 COM Automation 的程式中取出即時資料
TRANSPOSE	TRANSPOSE(array)	可以將指定陣列的資料反轉
VLOOKUP	VLOOKUP(lookup_value,table_array,col_index_num,range_lookup)	是查表函數的一種，利用陣列的方式，以垂直方向查表

06. 資料庫函數

函數	語法	簡介
DAVERAGE	DAVERAGE(database,field,criteria)	計算出清單或資料庫中符合指定條件之欄內的平均數值
DCOUNT	DCOUNT(database,field,criteria)	計算資料庫中符合指定條件，且包含數值資料的儲存格數目
DCOUNTA	DCOUNTA(database,field,criteria)	計算資料庫裡符合指定條件，且非空白的儲存格數目
DGET	DGET(database,field,criteria)	在指定的資料庫中，擷取資料並輸入至查詢表單中
DMAX	DMAX(database,field,criteria)	顯示資料庫中符合指定條件之記錄的欄位內數值最大值
DMIN	DMIN(database,field,criteria)	顯示資料庫中符合指定條件之記錄的欄位內數值最小值

函數	語法	簡介
DPRODUCT	DPRODUCT(database,field,criteria)	此函數可就資料庫裡所有符合指定條件的記錄，計算指定欄位中數值資料之乘積
DSTDEV	DSTDEV(database,field,criteria)	此函數可計算資料庫中指定欄位中數值資料之標準差
DSTDEVP	DSTDEVP(database,field,criteria)	會根據所選取資料庫項目的整個母體來計算標準差
DSUM	DSUM(database,field,criteria)	會將資料庫中符合準則的記錄欄位行中的數字相加
DVAR	DVAR(database,field,criteria)	會根據所選取資料庫項目的樣本來估計變異數
DVARP	DVARP(database,field,criteria)	會根據所選取資料庫項目的整個母體來計算變異數

07. 文字函數

函數	語法	簡介
ASC	ASC(text)	可將文字由全形轉換成半形
BAHTTEXT	BAHTTEXT(number)	將數值轉成泰銖文字
CHAR	CHAR(number)	此函數可計算以 ASCII 碼所呈現的內容，其代表的文字
CLEAN	CLEAN(text)	從文字串中剔除所有無法列印的字元
CODE	CODE(text)	將指定的內容或儲存格改以 ASCII 碼顯示
CONCATENATE	CONCATENATE(text1,text2,...)	將多組字串組合成單一的字串
DOLLAR	DOLLAR(number,decimals)	將指定儲存格內的數字轉換成貨幣文字
EXACT	EXACT(text1,text2)	會檢查兩個文字值是否相同
FIND、FINDB	FIND(find_text,within_text,start_num) FINDB(find_text,within_text,start_num)	會在其他文字值中尋找一個文字值 (區分大小寫)
FIXED	FIXED(number,decimals,no_commas)	把指定的數值轉換為文字格式
JIS	JIS(text)	可將字元字串中的半形 (單位元) 英文字母或片假名變更為全形 (雙位元) 字元
LEFT、LEFTB	LEFT(text,num_chars) LEFTB(text,num_bytes)	會傳回文字值中最左邊的字元
LEN、LENB	LEN(text) LENB(text)	會傳回文字字串的字元數
LOWER	LOWER(text)	會將文字轉換成小寫
MID、MIDB	MID(text,start_num,num_chars) MIDB(text,start_num,num_bytes)	會從文字字串中的指定位置開始，傳回指定數目的字元
PHONETIC	PHONETIC(reference)	將指定的日文平假名內容或儲存格，改以片假名顯示
PROPER	PROPER(text)	將指定的文字或指定儲存格內容設定為首字大寫

函數	語法	簡介
REPLACE、REPLACEB	REPLACE(old_text,start_num,num_chars,new_text) REPLACEB(old_text,start_num,num_bytes,new_text)	會取代文字中的字元
REPT	REPT(text,number_times)	會依指定的次數重複文字
RIGHT、RIGHTB	RIGHT(text,num_chars) RIGHTB(text,num_bytes)	會傳回文字值中最右邊的字元
SEARCH、SEARCHB	SEARCH(find_text,within_text,[start_num]) SEARCHB(find_text,within_text,[start_num])	會在其他文字值中尋找一個文字值 (不區分大小寫)
SUBSTITUTE	SUBSTITUTE(text,old_text,new_text,instance_num)	將指定的舊文字串替換成新文字串
T	T(value)	會將引數轉換成文字
TEXT	TEXT(value,format_text)	此函數可將數值轉換成文字
TRIM	TRIM(text)	此函數在指定儲存格或內容後，即可去除文字間的間隔
UPPER	UPPER(text)	此函數可將指定儲存格中的英文字母，由小寫轉換為大寫
VALUE	VALUE(text)	將指定的文字或儲存格內容轉換成數值格式

08. 邏輯函數

函數	語法	簡介
AND	AND(logical1,[logical2],...)	表示交集的意義，即符合所有設定條件時，其值判斷為「TRUE」，反之則判斷為「FALSE」
FALSE	FALSE()	會傳回邏輯值 FALSE
IF	IF(logical_test,value_if_true,value_if_false)	以假設條件的真假來表示結果，即當符合設定的條件時，則出現設為「TRUE」的結果，反之則出現設為「FALSE」的結果
IFERROR	IFERROR(value,value_if_error)	如果公式計算結果錯誤，就會傳回所指定的值，否則傳回公式的結果
NOT	NOT(logical)	會反轉引數的邏輯
OR	OR(logical1,logical2,...)	如果任何引數為 TRUE，則傳回 TRUE
TRUE	TRUE()	會傳回邏輯值 TRUE

09. 資訊函數

函數	語法	簡介
CELL	CELL(info_type,[reference])	會傳回儲存格之格式、位置或內容的相關資訊
ERROR.TYPE	ERROR.TYPE(error_val)	會傳回對應到錯誤類型的數字
INFO	INFO(type_text)	會傳回目前作業環境的相關資訊

函數	語法	簡介
ISBLANK	ISBLANK(value)	如果該值空白,則傳回 TRUE
ISERR	ISERR(value)	如果該值為 #N/A 以外的任何錯誤值,則傳回 TRUE
ISERROR	ISERROR(value)	如果該值為任何錯誤值,則傳回 TRUE
ISEVEN	ISEVEN(number)	如果該數字為偶數,則傳回 TRUE
ISLOGICAL	ISLOGICAL(value)	如果該值為邏輯值,則傳回 TRUE
ISNA	ISNA(value)	如果該值為 #N/A 錯誤值,則傳回 TRUE
ISNONTEXT	ISNONTEXT(value)	如果該值不是文字,則傳回 TRUE
ISNUMBER	ISNUMBER(value)	如果該值為數字,則傳回 TRUE
ISODD	ISODD(number)	如果該數字為奇數,則傳回 TRUE
ISREF	ISREF(value)	如果該值為參照,則傳回 TRUE
ISTEXT	ISTEXT(value)	如果該值為文字,則傳回 TRUE
N	N(value)	會傳回轉換成數字的值
NA	NA()	會傳回錯誤值 #N/A
TYPE	TYPE(value)	會傳回指出值之資料類型的數字

10. 工程函數

函數	語法	簡介
BESSELI	BESSELI(x,n)	會傳回已修改的 Bessel 函數 In(x)
BESSELJ	BESSELJ(x,n)	會傳回 Bessel 函數 Jn(x)
BESSELK	BESSELK(x,n)	會傳回已修改的 Bessel 函數 Kn(x)
BESSELY	BESSELY(x,n)	會傳回 Bessel 函數 Yn(x)
BIN2DEC	BIN2DEC(number)	會將二進位數字轉換成十進位
BIN2HEX	BIN2HEX(number,places)	會將二進位數字轉換成十六進位
BIN2OCT	BIN2OCT(number,places)	會將二進位數字轉換成八進位
COMPLEX	COMPLEX(real_num,i_num,suffix)	會將實係數與虛係數轉換成複數
CONVERT	CONVERT(number,from_unit,to_unit)	會將數字從某個測量系統轉換成另一個測量系統
DEC2BIN	DEC2BIN(number,places)	會將十進位數字轉換成二進位
DEC2HEX	DEC2HEX(number,places)	會將十進位數字轉換成十六進位
DEC2OCT	DEC2OCT(number,places)	會將十進位數字轉換成八進位
DELTA	DELTA>(number1,number2)	測試兩個值是否相等
ERF	ERF(lower_limit,upper_limit)	傳回錯誤函數
ERFC	ERFC(x)	傳回互補錯誤函數
GESTEP	GESTEP(number,step)	測試數字是否大於閾值
HEX2BIN	HEX2BIN(number,places)	會將十六進位數字轉換成二進位
HEX2DEC	HEX2DEC(number)	會將十六進位數字轉換成十進位
HEX2OCT	HEX2OCT(number,places)	會將十六進位數字轉換成八進位

函數	語法	簡介
IMABS	IMABS(inumber)	會傳回複數的絕對值 (模數)
IMAGINARY	IMAGINARY(inumber)	傳回複數的虛係數
IMARGUMENT	IMARGUMENT(inumber)	傳回引數樞紐角度，一個以弧度表示的角度
IMCONJUGATE	IMCONJUGATE(inumber)	傳回複數的共軛複數
IMCOS	IMCOS(inumber)	傳回複數的餘弦值
IMDIV	IMDIV(inumber1,inumber2)	傳回兩個複數的商數
IMEXP	IMEXP(inumber)	傳回複數的指數
IMLN	IMLN(inumber)	傳回複數的自然對數
IMLOG10	IMLOG10(inumber)	傳回複數的以 10 為底對數
IMLOG2	IMLOG2(inumber)	傳回複數的以 2 為底對數
IMPOWER	IMPOWER(inumber,number)	傳回提升至整數乘冪的複數
IMPRODUCT	IMPRODUCT(inumber1,inumber2,...)	傳回複數的乘積
IMREAL	IMREAL(inumber)	傳回複數的實係數
IMSIN	IMSIN(inumber)	傳回複數的正弦值
IMSQRT	IMSQRT(inumber)	傳回複數的平方根
IMSUB	IMSUB(inumber1,inumber2)	傳回兩個複數之間的差異
IMSUM	IMSUM(inumber1,inumber2,...)	傳回複數的總和
OCT2BIN	OCT2BIN(number,places)	會將八進位數字轉換成二進位
OCT2DEC	OCT2DEC(number)	會將八進位數字轉換成十進位
OCT2HEX	OCT2HEX(number,places)	會將八進位數字轉換成十六進位

11.CUBE 函數

函數	語法	簡介
CUBEKPIMEMBER	CUBEKPIMEMBER(connection,kpi_name,kpi_property,caption)	傳回關鍵效能指標 (KPI) 的名稱、屬性和度量，並在儲存格中顯示名稱和屬性。KPI 是一個可量化的度量，例如用來監視組織表現的每月毛利或每季員工流動率
CUBEMEMBER	CUBEMEMBER(connection,member_expression,caption)	傳回 Cube 階層中的成員或 Tuple。用來驗證 Cube 中有成員或 Tuple 存在
CUBEMEMBERPROPERTY	CUBEMEMBERPROPERTY(connection,member_expression,property)	傳回 Cube 中成員屬性的值。用來驗證 Cube 內有成員名稱存在，並且傳回此成員的指定屬性
CUBERANKEDMEMBER	CUBERANKEDMEMBER(connection,set_expression,rank,caption)	傳回一個集合中的第 N 個 (或排名的) 成員。用來傳回集合中的一個或多個元素，例如最頂尖的銷售人員或最好的前 10 名學生

函數	語法	簡介
CUBESET	CUBESET(connection,set_expression,caption,sort_order,sort_by)	定義成員或 Tuple 的已計算集合，方法是將集合運算式傳送給伺服器上的 Cube，此動作會建立集合，然後再將該集合傳回給 MicrosoftOfficeExcel
CUBESETCOUNT	CUBESETCOUNT(set)	傳回集合中的項目數
CUBEVALUE	CUBEVALUE(connection,member_expression1,member_expression2...)	傳回 Cube 中的彙總值。

12

CHAPTER

追蹤修訂

試算表的內容一旦經過修改,要如何追蹤內容的異動?這對於使用者進行試算表的偵錯工作,或是防止試算表的內容遭人篡改,都是很重要的功能。Excel 2010 提供「追蹤修訂」功能,可以標示有那些儲存格的內容已修改過,並以歷程記錄顯示單一儲存格修改的情況,還能透過接受/拒絕修訂的功能,來決定是否要接受修訂後的內容。透過「追蹤修訂」的追蹤功能,可以讓使用者在使用 Excel 時,能夠明瞭內容異動的情況,不用擔心重要資料會不小心被覆蓋或遭人篡改。

Trick 01 如何使用追蹤修訂

1 按下〔校閱〕索引標籤,從功能表按下【追蹤修訂】→【標示修訂處】。

📝 操作小撇步

使用追蹤修訂時,會禁用 Excel 某些功能,像是變更表格樣式、插入圖表、格式化條件、樞紐分析表…等功能,如果要使用這些功能,必須先將追蹤修訂的功能關閉。必須先切換到〔校閱〕索引標籤,按下【追蹤修訂】→【標示修訂處】,出現「標示修訂處」對話框,取消勾選「編輯時記錄所做的修訂」選項,即可讓禁用的功能恢復使用。

2 出現「標示修訂處」對話框,首先勾選「編輯時記錄所做的修訂」選項。「修訂處醒目提示」的選項,可以決定顯示修訂時的相關資訊,勾選「修訂時間」,並從下拉選單點選「全部」。

3 接著勾選「修訂者」選項，在下拉式選單點選「所有人」。

操作小撇步

設定修訂者的注意事項

在「修訂者」的下拉式選單項目包含「所有人」和「除了自己外的所有人」。點選「所有人」會顯示所有包含自己在內所有人修改資料後的異動結果，如果點選「除了自己外的所有人」，除了自己修改過的內容不會顯示，其他人修改後的內容都會顯示出來。

4 勾選「修訂處」選項，在此項目可設定，當那些範圍的資料被修改時，要顯示異動後的結果。可按下 按鈕，來框選資料範圍。完成後，請記得勾選「將所做的修訂在螢幕上標示出來」，按下〔確定〕按鈕即可。

操作小撇步

最後會出現一個對話框，提示使用者此活頁簿會立即被儲存的訊息，按下〔確定〕即可。

Trick 02 查詢追蹤修訂的紀錄

當我們對設定追訂範圍的儲存格修改內容時，該儲存格會在左上角標示藍色的倒三角記號。當我們把滑鼠游標指向修改內容的儲存格，就會產生類似註解的效果，說明此儲存格的內容於何時被那位使用者修改，並顯示舊值與更新值的差異。

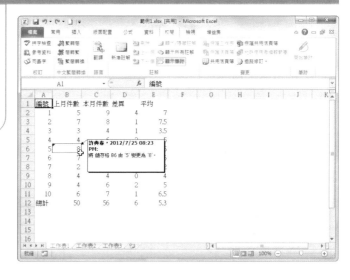

Trick 03 顯示修改後的歷程記錄

如果已開啟追蹤修訂的功能，想要讓追蹤修訂後的結果，能夠另存其他工作表，必須先進行存檔動作。

1 先點選〔檔案〕索引標籤，並從下拉選單中點選【儲存檔案】。或是按快速鍵 Ctrl + S 進行存檔。

2 按下〔校閱〕索引標籤，從功能表按下【追蹤修訂】→【標示修訂處】，在「標示修訂處」對話框，勾選「將修訂記錄存在另外一個工表中」。完成之後，原有的活頁簿會出現一個名稱為「歷程記錄」的活頁表，上面會顯示所有異動過的儲存格歷程記錄，包含日期、期間、修訂者、位置、舊值、新值…等資訊。

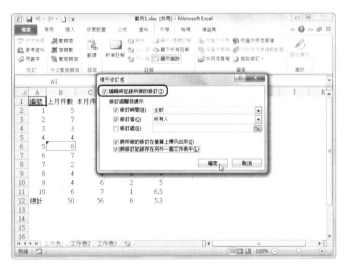

Trick 04 透過接受／拒絕修訂更新內容

將滑鼠游標移動到已設定追蹤修訂功能的儲存格上，就會顯示曾經修改的詳細紀錄，如果查閱之後想要進行修改，又該怎麼做呢？

1 按下〔校閱〕索引標籤，從功能表按下【追蹤修訂】→【接受／拒絕修訂】，此時會出現「接受或拒絕修訂」對話框，直接按下〔確定〕。

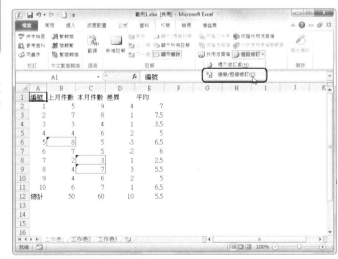

② 接下來「接受或拒絕修訂」對話框會列出目前有多少個儲存格的內容已被修改過，並詢問是否要接受修改過的內容，可根據各項修訂內容，決定接受或拒絕修訂，完成後按下〔關閉〕即可。

操作小撇步

如果同一個儲存格的內容，經過多次修改，使用「接受／拒絕修訂」的功能，在「接受或拒絕修訂」對話框，會列出該儲存格歷次的修改記錄，並詢問使用者要接受那一次的修改記錄。你可以從中選擇可接受的動作，並按下〔接受〕按鈕。

Trick 05 公式的追蹤前導參照

Excel 2010 提供了「追蹤前導參照」和「追蹤從屬參照」的功能，它能將使用者選定的儲存格，以箭號指示公式的流程，讓使用者可以藉由觀察這些箭號的指示位置，追蹤公式的流程，找出問題所在。

① 先點選公式所在位置的儲存格。然後按下〔公式〕索引標籤，從功能表中按下【追蹤前導參照】。

② 「追蹤前導參照」會找出我們所指定公式的來源資料，將公式所使用的來源儲存格資料用藍色框線框起，並加上箭號的方式指示。

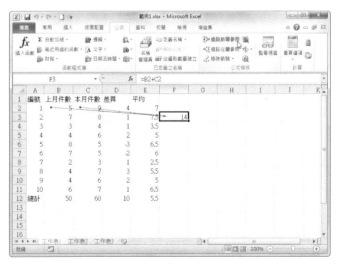

操作小撇步

如果儲存格的公式計算結果，沒有出現錯誤，會顯示藍色的箭號，若儲存格的計算結果現錯誤，例如出現「#DIV/0!」（除零錯誤）之類的訊息，箭號會變成紅色的。

3 如果想讓儲存格顯示公式，在【追蹤前導參照】旁邊還有個〔顯示公式〕按鈕，按下〔顯示公式〕按鈕即可讓帶有公式的儲存格顯示公式內容。

4 按下〔顯示公式〕按鈕，原本帶有公式的儲存格，會以藍色框線框起，並顯示公式內容，而不顯示其運算結果。而未帶公式的儲存格會變成綠色框線，以便和帶有公式儲存格區別。透過這種方式，有助於了解儲存格是使用什麼公式，並能幫助使用者檢查公式是否有誤。若要關閉公式顯示，只要再按一下〔顯示公式〕按鈕即可。

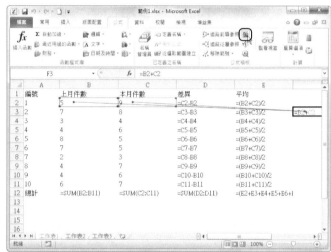

Trick 06 如何使用追蹤從屬參照

如果我們想知道某個儲存格的運算結果，是否有被其他儲存格所使用，可以使用「追蹤從屬參照」進行追蹤。

1 先點選要追蹤的儲存格，按下〔公式〕索引標籤，從功能表中按下【追蹤從屬參照】。

操作小撇步

「追蹤前導參照」可以找出指定儲存格公式的源頭，例如它使用那些資料，中間經過什麼計算過程，屬於前向追蹤的功能。而「追蹤從屬參照」，可了解指定儲存格被其他儲存格引用的情況，屬於後向追蹤的功能。

② 按下【追蹤從屬參照】，指定儲存格會出現藍色箭號，箭號末端圓點表示來源儲存格，箭號所指的儲存格，表示引用該資料的儲存格。

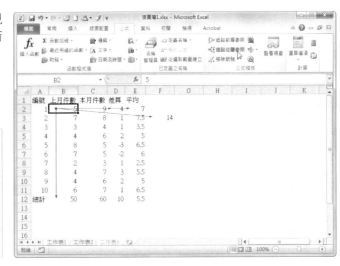

操作小撇步

如果你想追蹤某個公式是如何計算出來，想追蹤的它源頭所在，可以不斷的按【追蹤前導參照】，就可以一步步追蹤公式的源頭。如果想追蹤某個儲格的運算結果，被其他儲存格引用，最終會進行到那一個流程。可以不斷按【追蹤從屬參照】，來觀察最終結果。這兩種功能，都是試算表偵錯的並備功能，讀者不妨多加利用。

Trick 07 如何清除追蹤箭號記號

執行【移除箭號】的功能之後，試算表所有「追蹤從屬參照」與「追蹤前導參照」所產生的追蹤箭號，都會從試算表上移除。

① 按下〔公式〕索引標籤，從功能表按下【移除箭號】旁的按鈕，點選下拉選單中的【移除箭號】選項。

② 現在所有的箭號就都移除了。

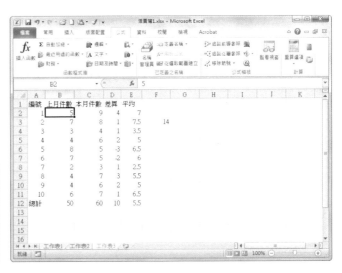

操作小撇步

如果想移除「追蹤從屬參照」的箭號，保留「追蹤前導參照」的箭號，可按下【移移追蹤從屬參照】。若想保留「追蹤從屬參照」的箭號，移除「追蹤前導參照」的箭號，可按下【移除追蹤前導參照】。

13 資料篩選與排序

善用 Excel 2010 所提供的排序與篩選功能，能夠在不影響原有資料的情況下，一次依條件式過濾、篩選，並依規則加以排序，使資料能夠有組織的呈現，讓我們能清楚觀察到重要資訊，而不用再一一透過手動處理的方式，來篩選各項資料的內容。此版的資料篩選功能較舊版更加強大且人性化，而在操作按鈕版面配置也作了大幅的更新，在以下的篇幅帶各位讀者熟悉篩選及排序功能的各項操作，當你自行操作過後，相信一定也會感受到，資料即搜得那心應手的痛快感！。

Trick 01　如何使用資料篩選

如果想要在工作表內查詢某一筆資料，不妨使用 Excel 內建的「資料篩選」功能，該項功能可以一次檢索多筆條件，輕輕鬆鬆查詢就可以找出想要的資料了。

1 首先框選好要進行資料篩選的資料欄位名稱，然後按下〔資料〕索引標籤，選取【排序與篩選】群組中的【篩選】按鈕。

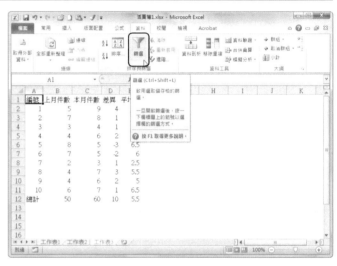

操作小撇步

注意，如果沒有框選表格中標題欄的位置，就按下【篩選】按鈕，Excel 會以表格中的第一列做為篩選欄位。

2 接下來會在表格欄位中的標題列中，看到 ▼ 按鈕，這個按鈕可進行資料的篩選、排序工作。按下 ▼ 會出現該欄位的下拉選單，可直接從下拉選單中進行簡單的排序或篩選，若篩選修件較複雜，可點選數字篩選（或文字篩選）做進一步的條件設定。

操作小撇步

如果想移除「追蹤從屬參照」的箭號，保留「追蹤前導參照」的箭號，可按下【移移追蹤從屬參照】。若想保留「追蹤從屬參照」的箭號，移除「追蹤前導參照」的箭號，可按下【移除追蹤前導參照】。

3 此時會跳出「自訂自動篩選」對話框，可以在此設定兩組篩選條件，設定完成後按下〔確定〕按鈕。

操作小撇步

在「自訂自動篩選」對話框中的「且」和「或」單選鈕，這兩者之間的差異在於，點選「且」單選鈕，兩個條件式必須吻合才會執行；而點選「或」單選鈕，兩個條件只要有一個成立，即會執行。

4 完成之後，表格欄目上會出現 🔽 的圖示，表示資料已篩選完畢，並列出符合過濾條件的資料。

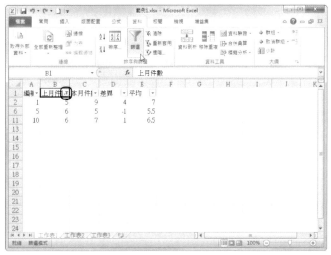

操作小撇步

若想回復為篩選前的狀態，再按一下【篩選】 🔽 按鈕即可取消篩選。

Trick 02 如何使用資料排序

如果資料很多，想要清楚地檢視，可以使用「資料排序」功能，將這些資料以「遞增」或「遞減」的方式重新排列，如此一來就可以根據這項特性比對出所需的資訊了。

按下〔資料〕索引標籤，在功能表按下【排序與篩選】類別的【排序】按鈕 🔠。接著在「排序」對話框可設定排序方式，如果想增加一個次要排序方式，可按下〔新增層級〕來增加，完成後按下〔確定〕按鈕，工作表內容就會依照我們的設定排序了。

Trick 03 單欄資料排序

很多時候，都會用到「資料排序」這個功能，而且通常用都只做單欄的資料排序，而其他欄位不會受影響，以下就來示範一下這一方面的操作技巧。

先選取要排序的單欄資料，接著在工具列的「遞增排序」⌥↓ 上按一下滑鼠左鍵，就可以將資料由小到大重新排序。

操作小撇步

如果在工具列找不到「遞增排序」⌥↓，請按下工具列上的，就可以找到了。而如果要做遞減排序，則按下工具列上的「遞減排序」⌥↓。中文字會依第一個字的筆劃多寡來排序，英文字會依第一個字母的順序來排序。

Trick 04 篩選資料

利用「篩選」按鈕可以快速地檢視特定的資料；若使用者想以彙整方式檢視或查詢資料，「快速篩選」能快速的篩選出相關條件的關連資料，並便於後續的製表或是製圖。

1 先選取要進行篩選的工作表，接著依序點選〔資料〕索引標籤→【排序與篩選】群組中的【篩選】按鈕。此時在每個資料的標題處都會出現▼，點選篩選欄位旁的▼後，先取消「全選」，再點選其他條件，然後按下〔確定〕。

2 此時會篩選出符合條件的資料，再點選其他欄位旁的▼，可以進行複合條件的篩選。

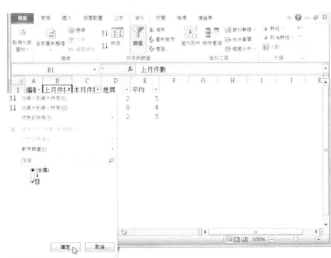

操作小撇步

按下▼後，在【數字篩選】的延伸選單中，還有多種篩選選項，可進一步設定篩選條件。

3 如果這時按下【排序與篩選】群組中的【清除】
按鈕。就會清除剛剛設定篩選條件的結果。而
再次按下【排序與篩選】群組中的【篩選】按鈕，就
可以取消篩選功能。

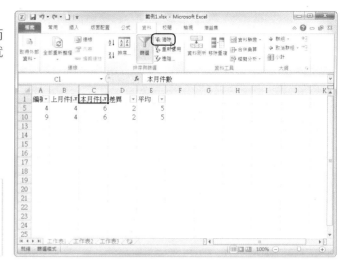

操作小撇步

如果選取的範圍不是在可篩選的資料內，就會出現錯誤訊
息對話框，請重新選取範圍內的儲存格，再操作一次即
可。

Trick 05 篩選多數條件

若一次想要對某項目篩選兩個以上的條件，其
實相當的簡單。 Excel 2010 在篩選條件、資料
排序、範圍選取的融合應用上更佳的人性化，
下面以範例來實際操作一遍。

1 切換至〔資料〕索引標籤，點選「排序與篩選」
分類中的【篩選】，接著按下篩選欄位旁的▼，
設定篩選或排序的條件後按下〔確定〕。

2 接著到其他欄位中，按下篩選欄位旁的▼，設
定另一個篩選或排序的條件後按下〔確定〕。

操作小撇步

如果你所篩選的條件只有一兩項，你可先取消該下拉選單
中的「全選」，再勾選想要篩選的選項，即可省下不少時
間。

3 重複同樣的動作，即可快速從龐大而複雜的工作表資料中，快速篩選出符合條件的項目。

Trick 06　自訂數字篩選範圍

若想搜尋介於特定範圍內的數字資料，如特定範圍的年份、金額、數量等等，就可以採用「數字篩選」中的「介於」功能，如此就可以很快地找出真正想要的資料。

1 切換至〔資料〕索引標籤，點選「排序與篩選」分類中的【篩選】，接著按下篩選欄位旁的【▼】，然後依序點選下拉選單中的【數字篩選】→【介於】。

2 在跳出的「自訂自動篩選」對話框中，在「大於或等於」及「小於或等於」後的空白框中，分別輸入篩選範圍的最小值與最大值，然後按〔確定〕。

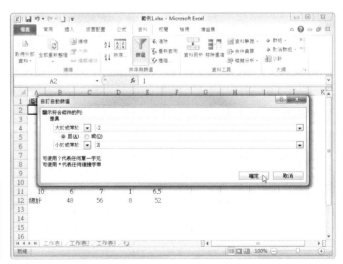

操作小撇步

如果選取的範圍不是在可篩選的資料內，就會出現錯誤訊息對話框，這時按下〔確定〕，請重新選取範圍內的儲存格，再操作一次即可。

Trick 07 快速移除重複資料

Excel 2010 內建一項「移除重複」功能，在處理大量資料時，只要學會這項功能，可以快速幫我們把重複的內容篩選出來並移除掉，將可節省不少檢查的時間！

1 開啟工作表後，切換至〔資料〕索引標籤，按下「資料工具」分類中的【移除重複】。

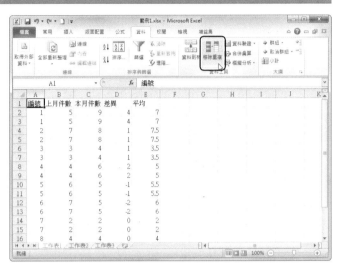

2 此時會跳出「移除重複」對話框，點選〔全選〕可以刪除完全相同的內容，也可以根據想剔除的部分，自行勾選欄位，完成後按下〔確定〕。

操作小撇步

如果工作表內容的第一列是標題列，請記得勾選「我的資料有標題」。

3 此時即會將重複的部分移除掉，並提示我們移除及保留的各有多少資料，確認後按下〔確定〕即完成。

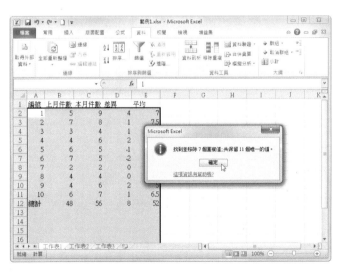

Trick 08 讓 Excel 也能用中文數字排序

Excel 中的排序功能，可以讓我們以同一行的內容，依照筆劃或英文字母的先後順序，進行由小到大的升冪排序，或是由大到小的降冪排序。甚至對於一、二、三、四、五……等中文數字，照樣也能依照我們想要的順序排列哦！

1 當我們想對相同類別內容的儲存格進行排序時，可以點選〔常用〕活頁標籤中的〔排序與篩選〕，然後在下拉選單中選擇升冪的【從 A 到 Z 排序】或降冪的【從 Z 到 A 排序】。

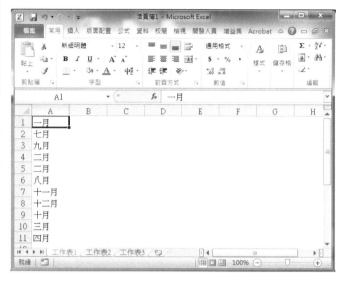

2 然而排序只會依筆劃多寡或英文字母的順序進行排序，因此當遇到像是國字的月份「一月」、「二月」時，就無法依照順序排列。

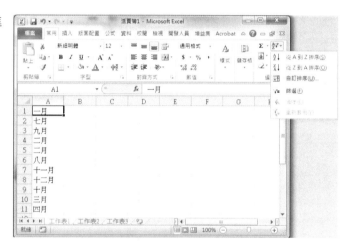

3 此時我們可以點選〔常用〕活頁標籤中的〔排序與篩選〕，然後在下拉選單中選擇【自訂排序】。

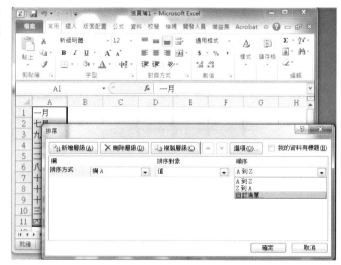

4 接著在跳出的「排序」對話盒中，點選「順序」下拉選單中的【自訂清單】。

5 此時會跳出「自訂清單」對話盒，從左側的清單中可以找到【一月,二月,三月,四月,五月…】的選項，點選後按下〔確定〕。回到 Excel 主視窗，可以看到儲存格的內容，終於依照我們想要的月份順序進行排序了。

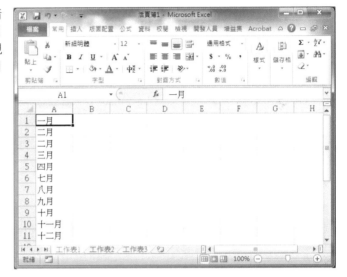

14 樞紐分析表— 製作報表的好夥伴

「樞紐分析表」為透過欄位,將工作表各欄列的資料有組織地作統計分析,以方便資料的檢視。亦可以針對特殊需求,顯示或隱藏某些特定項目的詳細資料,做出的表格也可以進行後續的排序與篩選、甚至針對全部或是部分資料製圖,Excel 2010 的版本中對以往的舊功能新添了更多人性化的配置,下面就帶讀者一覽「樞紐分析表」的強大功能!

Trick 01 建立自己的樞紐分析表

面對大量資料時,你可以先建立一個樞紐分析表,透過格式的形式來顯示重要的資訊。

1 先任意選取一儲存格,接著依序點選功能表的〔插入〕→【表格】分類群組的【樞紐分析表】按鈕,接著在其選單中點選【樞紐分析表】。

操作小撇步

在這個步驟還不需要將所的的範圍圈選起來,僅需確定步驟一開始游標有點在含資料的儲存格內。

2 「建立樞紐分析表」對話框出現後,Excel 會自動地選取所有的資料,先確認資料範圍和所需是否相符,按下「表格/範圍」方框可重新選取所要的範圍,然後按下〔確定〕。

操作小撇步

如果要將樞紐分析表放置在既有的工作表上,就點選「已經存在的工作表」,再按下空白框旁的 ▦,回到工作表中選取要放置的位置。

3 此時會出現新的工作表，並包含空白的樞紐分析表，右方則會出現「樞紐分析表欄位清單」，條列所有剛剛選取的表格中的標題項目。請先勾選一個「樞紐分析表欄位清單」中的項目，然後拖曳到適當的欄位上，再放開滑鼠左鍵。

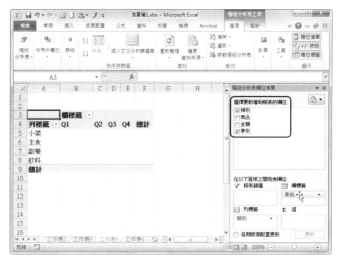

4 其他的項目也以拖曳完成同樣的操作，就製作出一份「樞紐分析表」，從中可以很清楚地看出原本工作表的交叉分析情形。

操作小撇步

在樞紐分析表欄位清單將項目勾選後，該項目會自動的出現在樞紐分析表中，請將項目從「樞紐分析表欄位清單」拖 到想要的欄位。

Trick 02 隱藏或顯示欄位清單

「樞紐分析表欄位清單」佔住了視窗不少位置！為了方便操作，你可以先將其隱藏起來。

進入樞紐分析表視窗後，依序點選功能表的〔選項〕索引標籤，【顯示/隱藏】分類群組中的【欄位清單】按鈕，如此就可以將「樞紐分析表欄位清單」隱藏起來。

操作小撇步

只要再按下「樞紐分析表」工具列上的「顯示欄位清單」，又可以將「樞紐分析表欄位清單」再顯現出來。

Trick 03 如何新增樞紐分析表的欄位

完成樞紐分析表後，若還想新增其他欄位時，可以利用下面介紹的操作動作來完成。

如果在工作表中看不到「樞紐分析表欄位清單」，請先利用上一個技巧，將其顯示出來，接著再將欄位清單中想增加的項目拖曳到工作表的欄位，就可以增加樞紐分析表裡的欄位了。

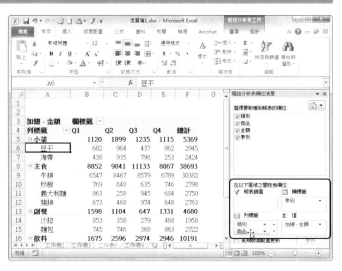

Trick 04 三種移除樞紐分析表欄位的方法

如果完成新增操作之後，覺得有個步驟有誤，想要移除某個欄位，可以利用下面介紹的操作動作來完成。

方法 1：在「樞紐分析表欄位清單」下方的窗格中，點選窗格內要移除項目右側的下拉選單，並從下拉選單中點選【移除欄位】即可。

操作小撇步

若想要調整「樞紐分析表欄位清單」的版面位置，可以選取該清單右上角的按鈕，並其下拉選單中選擇自己喜歡的版面配置。

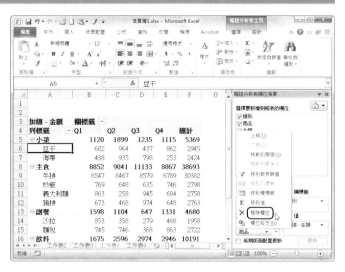

方法 2：直接在「樞紐分析表欄位清單」中，將該欄位前的勾選處取消掉，如此該欄位便從樞紐分析表上消失。

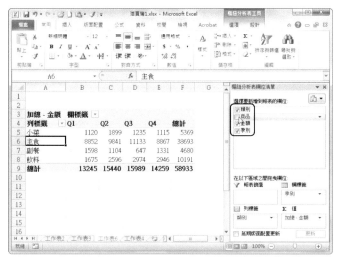

方法 3：在樞紐分析表中點選要移除的項目，接著按滑鼠右鍵，從快速選單中點選【移除 XXX】，即可移除該欄位。

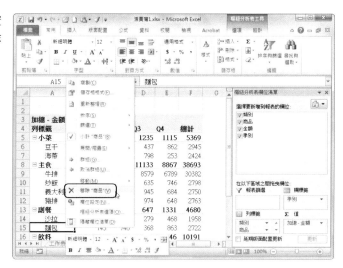

Trick 05 變更樞紐分析表的資料計算方式

除了以上的基本操作技巧之外，也可以改變樞紐分析表內資料原本的統計方式，例如將總和該改成平均值，或是計算最大值和最小值等。

1 依序點選功能表的〔選項〕索引標籤→【作用中欄位】按鈕，並選取其選單中的【欄位設定】按鈕 🔲。

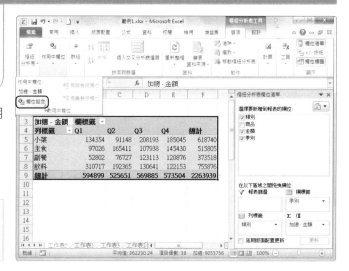

如果不先選取位於樞紐分析表內的資料，則「欄位設定」🔲 會呈現灰色而無法使用。

2 待「值欄位設定」對話框出現後，先點選〔摘要方式〕分頁標籤，選取窗格中想要的統計方式，切到〔值的顯示方式〕分頁標籤調整「小數位數」，然後按下〔確定〕。

按下〔數值格式〕，可以設定數值呈現的格式。

3 接著回到「樞紐分析表欄位」對話框後,再按下〔確定〕,原來的「總和」數值就更改為「平均值」了。

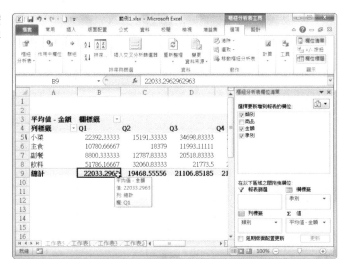

Trick 06 更新樞紐分析表的資料

僅需對樞紐分析表作如同網頁般的「重新整理」,就可以將更新過的資料自動匯入到樞紐分析表中作運算,而不必再重新製作。

1 更改原報表的資料後,依序點選功能表的〔選項〕索引標籤,【資料】分類群組中的【重新整理】按鈕,再點下選單中的【重新整理】。

2 在此可以看到我們修改過的資料處已作了更改,其他相關的統計數字也一併作了新的運算。

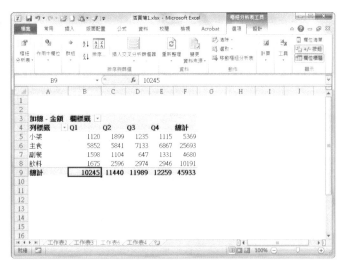

Trick 07 隱藏樞紐分析表中的特定資料

若只想檢視某些特定的資料,你可以將不想看的資料隱藏起來。

在要隱藏的欄位旁邊的 ▼ 按鈕上,按一下滑鼠左鍵，在下拉選單中對想隱藏的資料取消勾選,最後按下〔確定〕,這些被取消勾選的資料就會被隱藏起來。

操作小撇步

如果想要將取消的資料顯示出來,只要再按下項目邊的 ▼,再對這些資料勾選一次,接著按下〔確定〕即可。

Trick 08 顯示樞紐分析表內的詳細資料

如果想要檢視某筆欄位的詳細資料時,可以使用本技巧來顯示明細資料。

1 依序點選功能表的〔選項〕索引標籤,【顯示/隱藏】分類群組中的【+/- 按鈕】 +/- 按鈕 按鈕,當點選其按鈕後,樞紐分析表首欄內兩層以上的資料會出現 ⊞ 記號,以作為展開關閉母項目下的子項目之用。

2 除了上面所教的方法,你也可以依序點選〔選項〕索引標籤→【樞紐分析表】分類群組中的〔選項〕,選取其選單中的〔選項〕後,待「樞紐分析表選項」對話框出現後,切換到〔顯示〕分頁視窗,勾選「顯示」項目的「顯示展開/摺疊按鈕」後,按下〔確定〕,即可達到和以上操作相同的效果。

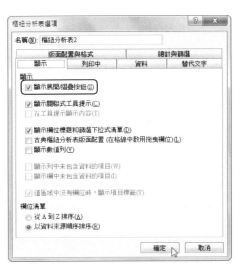

③ 將項目前 ⊞ 點開後，則會出現 ⊟ 記號，如此子項目會一層一層的顯現出來。你也可以點選功能表中〔選項〕索引標籤，【作用中欄位】分類群組中的 按鈕，即可一次顯示所有的子項目。

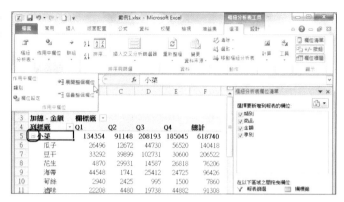

Trick 09　隱藏樞紐分析表內的詳細資料

當「樞紐分析表」過於龐大，或想要特意隱藏某些欄位時，就可設定隱藏部分的欄位資料。

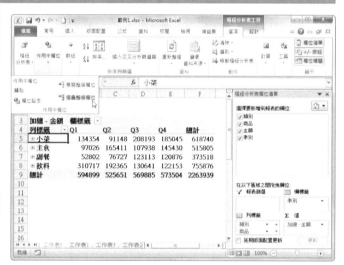

在樞紐分析表欄位資料展開時，點選功能表中〔選項〕索引標籤，【作用中欄位】分類群組中的〔隱藏整個欄位〕 ⊟ 按鈕，即可一次隱藏所有的子項目，你可以再對需要檢視的資料點一下 ⊞ 記號，以展開其子項目。

操作小撇步

1. 只有在同一個項目裡有兩個以上的欄位時，才能使用「隱藏詳細資料」 ，如果只有一個欄位是無法隱藏資料的。
2. 如果這時再按一下 按鈕，即可再次將剛剛隱藏的資料顯現出來。

Trick 10　快速選取樞紐分析表中整列或欄的資料

當「樞紐分析表」資料較為龐大時，還可以快速選取分析表中整列或欄的資料，以便進行資料的複製或搬移的工作。

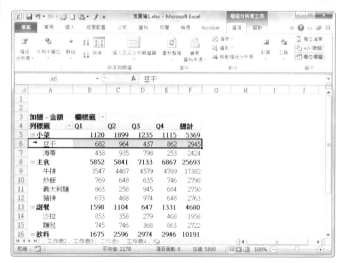

將滑鼠游標 移到項目欄位的左側，當滑鼠游標 變成向下箭頭 ➡ 形狀時，再按一下滑鼠左鍵 ，就可以選取樞紐分析表中的整列資料。

操作小撇步

你可以使用相同的方法，來選取樞紐分析表中的整欄資料。但如果是在工作表最左邊的數字或最上面的英文字上按一下滑鼠左鍵 ，所選取的將是一整列或是一整欄，而不是只有樞紐分析表中的欄列資料。

Trick 11 將關聯性資料設成群組

將某些標籤項目組成群組，成為層次較高的類別項，一方面可以使資料的呈現更具結構性，另一方面又可將相關性的記錄群組起來。

1 請先將要成為同一群組的欄列記錄全部選取起來，並依序點選功能表的〔選項〕索引標籤，【群組】分類群組中的【群組選取】。

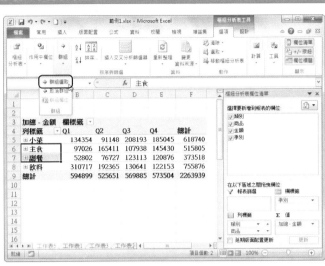

操作小撇步

你也以在選取範圍後，於其上按一下滑鼠右鍵，再依序點選快速選單中的【群組】。

2 此時選取的欄位會成為「資料組 1」群組的兩個子項目，可以在公式列的地方為此新群組更名，如此新的群組就可以被成功重新命名了。

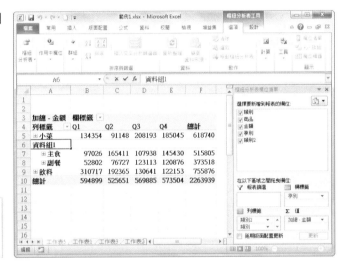

操作小撇步

不需要這些群組時，請先利用步驟 1 的方法，再選取快速選單中的【取消群組】即可。

Trick 12 快速選取群組的資料

利用「樞紐分析表」工具列選單中的圖示，也可以做不同範圍的選取；通常用於資料較龐大，可做較快速地選取所需的範圍。

1 首先選取樞紐分析表裡的任一儲存格，點選功能表中〔選項〕索引標籤，【動作】分類群組中的【選取】，並點選下拉選單中的【整個樞紐分析表】，就可以將整張樞紐分析表選取起來。

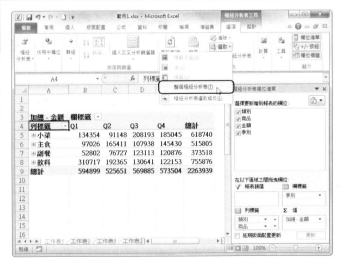

2 選取整張樞紐分析表後，請用同樣的方式點選下拉選單中的【標籤】，就可以只選取樞紐分析表中的標籤資料（也就是套用群組，重新命名的位置）。

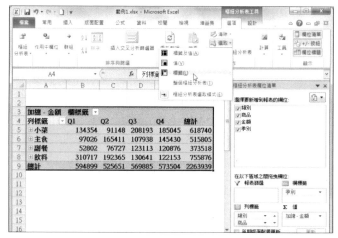

操作小撇步

你必須先選取整張樞紐分析表，才能再繼續選取「樞紐分析表」下拉選單中，【選取】子選單裡的【標籤】、【資料】或【標籤及資料】這三個功能。

Trick 13　排序樞紐分析表中的資料

跟 Excel 工作表中的資料一樣，樞紐分析表中的資料也可以做排序的動作，方便你由小到大或由大到小地排序你的資料！

先選取要做排序項目的某一欄位（如：「產品名稱」），接著點選功能表中〔選項〕索引標籤，【排序】分類群組中的【排序】。待「排序」對話框出現後，先在「排序選項」方塊中點選想要排序的方式，然後按下〔確定〕，就可以開始排序了。

操作小撇步

- 不是所有 Excel 工作表中的功能，都可以在樞紐分析表中使用。
- 「遞增」為數字由小到大排列，「遞減」為數字由大到小排列。

Trick 14　樞紐分析圖讓分析表如虎添翼

我們也可以依照樞紐分析表製作一份樞紐分析「圖」，對於試算表未來製作簡報、或是對內對外發佈，都能以清晰的圖表增加其可信力！

1 切換至〔選項〕索引標籤，然後在「工具」分類中的【樞紐分析圖】，待「插入圖表」對話框出現後，選取合適的圖表格式，然後按下〔確定〕。

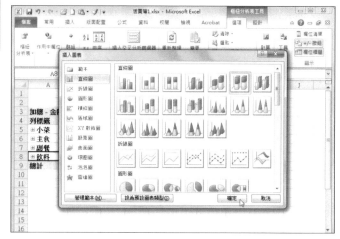

2 此時即會依樞紐分析表的內容，出現對應的「樞紐分析圖」了。

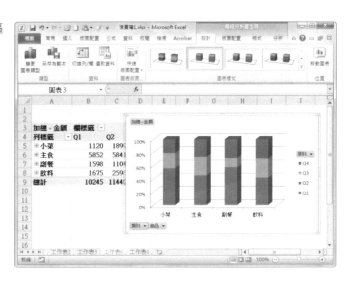

Trick 15 按「表」操練樞紐分析圖

在樞紐分析表中應用到的資料分析方法，也都可以應用到樞紐分析圖中，例如：資料的篩選等。

在樞紐分析圖左下方，點選欄位下拉選單，接著從選單中自行勾選要檢視的項目，完成後按下〔確定〕，即可只顯示勾選項目的圖示分析。

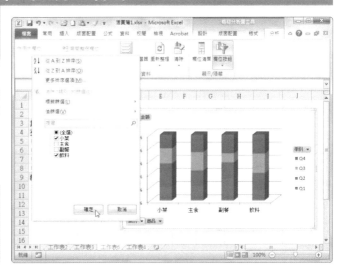

操作小撇步

利用〔設計〕索引視窗的工具列，你可以快速的編輯「樞紐分析圖」的版面，此操作和「圖表」設計工作列相似，請讀者可以參考前面第十章的說明。

Trick 16 用顏色區分樞紐分析表的欄列

你可以利用預設的版面配置，及改變標題及欄列的顏色配置，讓整個樞紐分析表的資料呈現更加的清晰易懂！

點選功能表中〔設計〕索引標籤→【樞紐分析表樣式選項】勾選「帶狀列」，則自內容列第一行，每隔一行會以同一個顏色來作資料的區分。此外還可以選取【樞紐分析表樣式】的任一版型來改變區分的顏色。

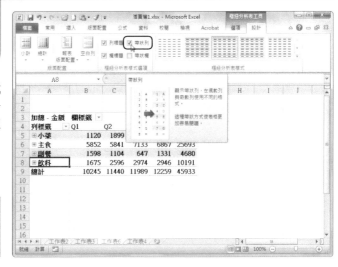

操作小撇步

取消勾選【樞紐分析表樣式】列標題、欄標題後，樞紐分析表的首欄及首列標題會取消以粗體顯示。

15 安全保護 Excel 檔案

Excel 具備了不同程度的保護措施，從基本的單張工作表的保護、整本活頁簿的保護，到最高級的機密文件的開啟保護，一應俱全。對於一些保密性的資料，你可利用保護密碼將資料隱藏起來；或是設定唯讀，不讓未授權更改的人更改。在資安問題氾濫的今天，早一步學會為機密檔案加密，可避免日後資料外洩的亡羊補牢，故學會保護重點資料，是全民應知的電腦文書知識喔！

Trick 01 保護整份檔案

很多機密的活頁簿資料，不僅不可以修改其中的內容，甚至連開啟都不被允許。如果不想讓不相干的其他人觀看這份重要的 Excel 檔案文件，可以將檔案加密保護，沒有正確的密碼可用，對方連開都開不了。

1 開啟你想要進行加密的文件，按下〔檔案〕索引標籤，按下左側選單的【資訊】，然後點選【權限】→【以密碼加密】。

操作小撇步

接著會再出現要求「重新輸入密碼」的訊息，請再次輸入設定的密碼，然後按下〔確定〕按鈕，完成後文件加密的工作就大工告成。

2 接著在「加密文件」對話框的「密碼」欄位中輸入你想要設定的密碼，然後按下〔確定〕按鈕。注意，在設定密碼時，請記得將密碼記錄下來，並保存在安全的地方，以免忘記密碼將無法開啟檔案。

操作小撇步

下次開啟有進行加密的文件，會顯示「密碼」對話框，輸入正確的密碼，按下〔確定〕按鈕，文件才會開啟。一旦輸入密碼有誤，文件就會強制關閉，不會讓使用者有試密碼的機會。

Trick 02 以唯讀保護表單

如果你所處理的 Excel 工作表，需要讓多位使用者共同使用。要如何防止自己的工作表被其他人任意更改內容，又能允許特定使用者針對特定的範圍進行編輯工作呢？在此可以利用「允許使用者編輯範圍」這個功能。

1 針對要設定編輯範圍的試算表，按下〔校閱〕索引標籤，到【變更】群組按下【允許使用者編輯範圍】。出現「允許使用者編輯範圍」對話框，按下〔新範圍〕按鈕，設定要允許使用者編輯的範圍。

2 出現「新範圍」對話框，「標題」文字方塊，使用者可以輸入一個便於辨識的名稱；「參照儲存格」文字方塊可以透過手動輸入允許編輯的儲存格範圍，或是按下右邊的按下 按鈕，框選儲存格的範圍。接下來在「範圍密碼」文字方塊輸入你想要設定的密碼，完成後按下〔確定〕按鈕。

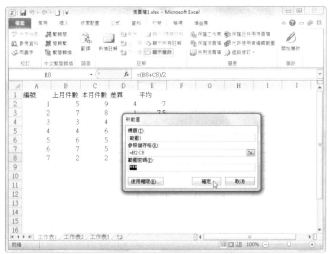

3 接下來會再出現「確認密碼」對話框，要求你再輸入一次密碼確認，輸入同樣的密碼，按下〔確定〕按鈕即可。完成後會出現剛才建立的新範圍，若想刪除可以按下〔刪除〕按鈕，要進行修改儲存格範圍，可按下〔修改〕按鈕。完成建立允許使用者編輯範圍，按下〔確定〕按鈕。

操作小撇步

「允許使用者編輯範圍」必須配合啟用「保護工作表」的項目才能生效，如果有啟用「保護工作表」的功能，在〔校閱〕索引標籤的【變更】群組，會出現【取消保護工作表】的項目，【允許使用者編輯範圍】的項目會暫時失效。這時在允許使用者編輯的儲存格範圍進行編輯動作，就會出現「解除鎖定範圍」對話框，密碼要輸入正確，才能進行編輯動作。

Trick 03 保護單張工作表

前面介紹過如何設定密碼讓他人無法直接開
啟活頁簿檔案，以及設定某些特定範圍不允
許修改以保護資料。如果想要保護整張工作表
（sheet），可以利用以下的方法來進行。

1 針對要設定進行保護的工作表，按下〔校閱〕
索引標籤，到【變更】群組按下【保護工作表】
。出現「保護工作表」對話框，請先勾選「保護工
作表與鎖定的儲存格內容」，接著在「要取消保護工作
表的密碼」，輸入你要解除保護的密碼，最後在「允許
此工作表的所有使用者能」，勾選你要允許使用者可對
工作表進行的動件，完成後按下〔確定〕按鈕。

2 接下來會再出現「確認密碼」對話框，再次輸
入先前輸入的密碼，按下〔確定〕按鈕，就會
套用保護工作表的功能。

✎ 操作小撇步

當啟用「保護工作表」功能，按下〔校閱〕索引標籤，
在【變更】群組會發現原本的【保護並共用活頁簿】，會
變成【取消保護工作表】。當使用者要在工作表進行任何
工作表禁用的動作，就會出現警告訊息，告知工作表被保
護。

Trick 04 取消活頁簿的保護設定

當原先的機密檔案已經不再重要時，就可以取
消保護密碼，節省開啟檔案的時間。

當使用者要取消工作表保護，必須按下【變更】群組
的【取消保護工作表】。此時會出現「取消保護工作
表」對話框，必須輸入正確密碼，才能解除工作表保
護。

Trick 05 設定開啟檔案的密碼

對於機密文件的保護當然要更加嚴密，根本之道就是設定開啟檔案的密碼，禁止別人隨意開啟檔案！

1 先開啟要密碼保護的文件，按下〔檔案〕索引標籤，從選單按下【另存新檔】→【其他格式】。待「另存新檔」對話框出現後，先按下工具列的 工具(L)▼ ，再點選下拉選單中的【一般選項】，以更改儲存的設定。

2 「儲存選項」對話框出現後，在「保護密碼」與「防寫密碼」空白框中各自輸入密碼後，然後按下〔確定〕。

操作小撇步

「保護密碼」表示需要密碼才能開啟活頁簿；「防寫密碼」則表示需要密碼才能修改文件。你也可以只選擇其中一項的密碼保護。

3 「確認密碼」對話框出現後，請再輸入一次「保護密碼」中的密碼，然後按下〔確定〕。接著會再一次出現「確認密碼」對話框，這次請輸入「防寫密碼」中的密碼，接著按下〔確定〕。

操作小撇步

你也可以不輸入防寫密碼，而直接按下〔唯讀〕，以唯讀的方式開啟此文件，但是如此將無法進行修改。

4 回到「另存新檔」對話框後，請先切換到要儲存檔案的資料夾中，接著不要更改在「檔案名稱」方框中原來的檔案名稱，而直接按下〔儲存〕，這樣就會覆蓋掉原來的檔案，使得原來的檔案變成有密碼保護的文件了！

操作小撇步

如果不想覆蓋掉原來的檔案，就請更換檔案名稱，再按下〔儲存〕，另外存成一份新的檔案。之後開啟此份文件時，就會出現「密碼」對話框，要求你輸入密碼，請在「密碼」空白框中輸入之前設定的保護密碼，然後按下〔確定〕。

Trick 06 取消開啟檔案的密碼

如果原先設定開啟密碼的檔案已經沒有機密可言，就可以考慮將密碼保護的措施解除，這樣一來，需要修改檔案內容時，就不會綁手綁腳，加快自身的工作速度。

1 先開啟受密碼保護的文件，然後依照前面的方法打開「一般選項」對話框，將「保護密碼」與「防寫密碼」這兩個空白框裡各修改成空白，接著在〔確定〕上按一下滑鼠左鍵。

2 回到「另存新檔」對話框後，不要更改「檔案名稱」方框中的檔名（如：「出貨單」），而直接按下〔儲存〕。此時會出現詢問你是否取代原檔案的對話框，這時請按下〔是〕，這樣就完成取消密碼，可以自由開啟與修改該文件了。

操作小撇步

雖然是在「另存新檔」對話框中，但不要用另一名稱去儲存檔案，才能將我們更改的設定覆蓋到原檔案中。

Trick 07 將儲存格內容變成圖片

有時受限於儲存格的關係，表格位置無法微調到自己喜歡的位置上，此時可以將儲存格內容變成圖片，不但就可以任意移動位置，還能套用圖片效果哦！

1 先選取要複製的儲存格範圍，然後按〔Ctrl〕+〔C〕鍵進行複製，接著將游標移到要貼上的位置後，在〔常用〕活頁標籤中，點選〔貼上〕下拉選單中的【圖片】。

2 貼上的複製內容，因為是圖片的關係，就能不受儲存格的限制，可以任意移動位置。

3 點選「圖片工具」，還能將複製內容做各種圖片效果的套用，讓表格更活潑哦！

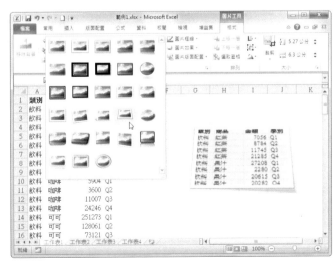

操作小撇步

如果在〔貼上〕下拉選單中點選【連結的圖片】，當原本儲存格內容變更時，圖片中的內容也會跟著改變哦！

完全列印 Excel

Excel 的列印方式與 Word 雖然大同小異，不過因為兩者的使用用途與操作方式有很大的不同，所以仔細深究還是可以發現有不少的差異。

本章將針對 Excel 的列印方式，例如預覽列印、設定列印範圍、橫印或直印、列印整本活頁簿、列印工作表等等加以詳細解說與示範。另外，一些比較特殊的列印方式，例如如何列印版面超大的海報，也會仔細說明。希望藉此將 Excel 列印這一項看似簡單但又容易混淆的工作，一項項教給你，學會後，就不必再偽印錯的事煩惱啦！

Trick 01 「自動分頁線」調整頁面不出界

「自動分頁線」可讓你預先檢視列印的範圍，藉由這預設的列印範圍格線，使得列印的範圍一目了然。

勾選功能表的〔版面配置〕索引標籤，【工作表選項】類組的【列印】，接著回到工作表，就可看到原來沒有的虛線出現了，這條虛線也就是頁面分隔線。

操作小撇步

將〔版面配置〕索引標籤，【工作表選項】類組中格線【檢視】取消勾選的話，則可將儲存格格線隱藏。

Trick 02 列印前的事先預覽

切換至〔檔案〕活頁標籤，然後點選下拉選單中的【列印】。此時在畫面右側窗格即可預覽列印結果，如果要直接列印，選擇印表機後按下〔列印〕即可。

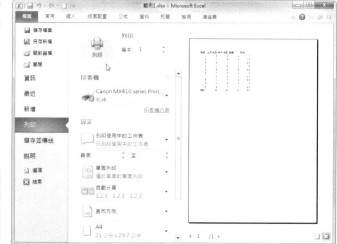

操作小撇步

在「預覽列印」狀態下，如果要直接列印，就按下〔列印〕；若想要修改，則按下〔版面設定〕就可進行版面設定。

Trick 03 「一下指」快速列印工作表

Excel 2010 在版面的設置和以往的版本不同，如「快速列印」這個按鈕，並非預設於工作列上。若你是習慣按「快速列印」按鈕來列印的人，在此教你個小技巧，把隱藏的「快速列印」按鈕召喚出來。

在最上方工具列旁的 按一下滑鼠左鍵，選擇選單中的【快速列印】。此刻在最上方工具列的最右方出現了 按鈕，按下它，即可快速列印。

操作小撇步

懶得經由路徑操作的讀者，也可以直接在作業視窗按〔Ctrl〕+〔P〕，如此也可以立即進入「列印」對話框。

Trick 04 只列印工作表中的部分頁面

如果不想列印整份的工作表，只要其中某幾頁的資料，可以利用「列印範圍」這項設定來加以解決。如此一來，列印時間不但可以縮短，還能節省不少的紙張。

1. 切換至〔檔案〕活頁標籤，然後點選下拉選單中的【列印】。
2. 在「設定」中分別輸入起始與結束頁面，最後按下〔列印〕就會只列印指定頁面了。

Trick 05 只列印單一選取範圍

Excel 不但可以列印整頁，還能夠指定只列印某些範圍內資料，只要在「列印」設定視窗內指定「列印內容」的選項，就可以辦到，如此可以比整頁列印更精準地列印出想要的重點。

1. 先在工作表中選取要列印的部分，然後切換至〔檔案〕活頁標籤，並點選下拉選單中的【列印】。
2. 在「設定」中點選「列印使用中的工作表」，並從下拉選單中選取【列印選取範圍】，最後按下〔列印〕即可。

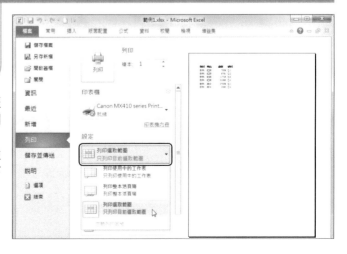

Trick 06 列印多個選取範圍

如果必須列印工作表內分散的資料，按照以往的方式就是分別列印成好幾張，然後交叉比對觀看，其實不必這麼麻煩，只要利用以下的技巧就可以將這些不同的範圍列印在同一份紙本資料內。

1 先切換到〔版面配置〕活頁標籤，點選「版面設定」分類右下角的 🔲。

2 接著將「版面設定」對話框切換至〔工作表〕活頁標籤，並按下「列印範圍」方框右邊的 🔲。

3 此時會變成「版面設定 -列印範圍」對話框，即可在工作表中選取第一個列印範圍，然後按住〔Ctrl〕鍵不放，繼續選取第二個範圍，依此類推，選取完畢後再按一次 🔲。

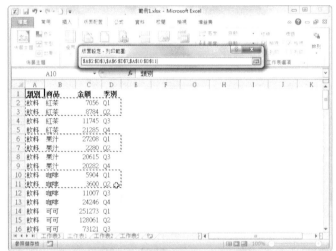

4 回到「版面設定」對話框後，最後按下〔確定〕，即可透過前面的列印方式進行後續的列印作業。

Trick 07 列印整本活頁簿

如果想要將整本活頁簿全部列印出來，當然不能土法煉鋼，一一選取活頁簿檔案內各工作表中的所有資料與表格，然後一一手動列印出來。其實不必這麼麻煩，只要幾個步驟就能列印出整本的活頁簿資料。

1 切換至〔檔案〕活頁標籤，然後點選下拉選單中的【列印】。

2 在「設定」中點選「列印使用中的工作表」，並從下拉選單中選取【列印整本活頁簿】，然後按下〔列印〕即可將整本活頁簿的內容列印出來了。

Trick 08 列印多份工作表

有時你想多做些備份，或是開會時分給其他人做參考，所以同一個工作表必須一次列印許多份，這時這個技巧就派上用場了。

切換至〔檔案〕活頁標籤，然後點選下拉選單中的【列印】，並在〔列印〕旁的「複本」輸入要列印的份數。接著在「設定」中點選「自動分頁」，並從下拉選單中依需求選取列印方式，若選擇【自動分頁】，可事先將文件依份數分頁，後續裝訂時就不必再手動分頁了。

操作小撇步

若勾選「自動分頁」，系統會預設先印出第一份的所有頁數之後，再列印後續的份數；比方說，設定印一份三頁的文件印三份，系統會先印此份文件的第一頁、第二頁、第三頁，接著才印下一份文件…．這個功能能事先幫文件依份數歸類，免去到時裝訂前歸類的時間。

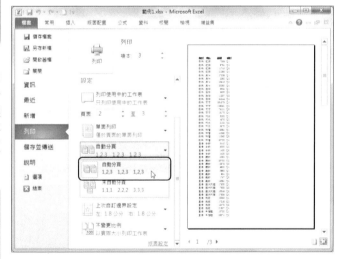

Trick 09　直向或橫向列印

遇到欄位較少、列數比較多時，你可以利用直向列印列印工作表，以節省紙張。

按下功能表的〔版面配置〕索引標籤，點選【版面設定】分類旁的 按鈕。待「版面設定」對話框出現後，先切換到〔頁面〕活頁標籤，再點選「方向」方塊中的「橫向」 A，接著按下〔確定〕，就可改變頁面的方向。

操作小撇步

要達到此操作，你也可以依序點下功能表的〔版面配置〕索引標籤，點選【版面設定】分類的【方向】選項，選取其下拉選單中的【橫向】。

Trick 10　調整列印範圍的大小

當資料範圍只超過列印範圍一點點時，可以藉著調整列印範圍的方式，讓紙張容納所有的資料，這樣就可以節省一張空白列印紙。這項技巧在配合特殊紙張進行列印時，也很管用。

1 切換至〔版面配置〕活頁標籤，點選「版面設定」分類旁的 圖示。

2 此時會跳出「版面設定」對話框，切換至〔邊界〕活頁標籤，然後在「上」、「下」、「左」、「右」四個方向上，調整列印時想要留下的空白大小，最後按下〔確定〕即可。

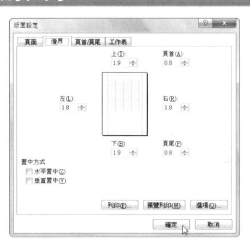

Trick 11　自訂列印時的頁首和頁尾

你可以在列印文件的頁首和頁尾處加上標題、頁碼、日期、時間、檔名等資訊，讓查詢紙本資料的同時，也可以立即獲得該檔案的相關資訊！

1 按下功能表的〔版面配置〕索引標籤，點選【版面設定】分類旁的 按鈕。待「版面設定」對話框出現後，先切換到〔頁首／頁尾〕活頁標籤，接著按下〔自訂頁首〕。